计算机科学[illegible]系

Python 冲关实战

主　编　葛　宇　韩鸿宇

副主编　崔冬霞　方　涛

沈　轶　张永来

科学出版社

北　京

内 容 简 介

本书是“计算机科学素养”丛书之一，从初学者的角度详细讲解了Python开发中用到的多种技术，是一本Python入门教程。全书共13章，在讲解 Python 开发环境的搭建及其运行机制、基本语法时，采用通俗易懂的语言阐述抽象的概念，选用典型、翔实的案例演示知识的运用。在讲解元组、列表、集合、字典、自定义函数、文件操作、PDF文件处理、Excel数据处理与可视化、游戏编程基础的章节中，通过剖析案例、分析代码含义、解决常见问题等方式进行阐述。全书以案例学习为主，将Python的功能融入问题求解中，帮助初学者提高学习兴趣。

本书可作为高校计算机公共课、程序设计基础类课程的教材，也可作为计算机爱好者学习程序设计的入门参考书。

图书在版编目(CIP)数据

Python冲关实战 / 葛宇，韩鸿宇主编. —北京：科学出版社，2022.6
计算机科学素养
ISBN 978-7-03-072317-8

Ⅰ. ①P… Ⅱ. ①葛… ②韩… Ⅲ. ①软件工具-程序设计 Ⅳ. ①TP311.561

中国版本图书馆CIP数据核字(2022)第086207号

责任编辑：于海云 张丽花 / 责任校对：崔向琳
责任印制：霍 兵 / 封面设计：迷底书装

科学出版社出版
北京东黄城根北街16号
邮政编码：100717
http://www.sciencep.com
石家庄继文印刷有限公司印刷
科学出版社发行 各地新华书店经销
*
2022年6月第 一 版 开本：787×1092 1/16
2024年1月第三次印刷 印张：11 1/2
字数：273 000

定价：48.00元
(如有印装质量问题，我社负责调换)

前　言

程序是人与计算机沟通的桥梁。随着当今社会信息化、智能化的发展，人们对计算机的认识已从过去唯工具论的应用时代全面进入围绕问题求解的计算思维时代。未来，不论是计算机专业人士还是非专业人士，都必须学会运用计算机思维方式解决工作和生活遇到的问题。在这样的背景下，程序设计在高校计算机基础教育中就显得尤为重要。

传统程序设计语言(如 Java、C)的语法较为复杂，需要掌握的细节和概念较多，即使实现一个简单功能，也要编写较复杂的代码，容易使学生产生畏难情绪，影响学习效果。Python 语言具有简单易学、资源丰富、开发生态完整等特点，能把初学者从语法细节中解脱出来，专注于解决问题本身。因此，我们选择 Python 作为高校计算机基础课程的教学语言，并以此贯彻程序设计的基本思想和方法(理解需求、求解问题、程序实现)，培养大学生分析问题和解决问题的计算思维能力，可以为学生将来所从事的工作打下坚实基础。

本书定位是:将 Python 作为一种入门程序设计语言，以案例为主线，系统地介绍 Python 程序设计相关基础知识。全书共 13 章，主要内容包括走进 Python、turtle 模块应用、Python 编程大揭秘、按部就班和选择、循环的秘密、循环扩展和异常处理、元组和列表、集合和字典、自定义函数、文件操作、PDF 文件处理与可视化、Excel 数据处理与可视化、游戏编程基础等。

本书的编写是为了满足教学的需求，我们希望通过一本结构紧凑、内容合理、案例为主的教材来更好地助力教学，帮助学生理解、掌握 Python 语言编程的基本方法和强大的 Python 开发生态，最终完成程序设计应用能力的培养。本书遵循从浅到深、循序渐进的学习规律，每章分为冲关知识准备、热身加油站、冲关任务及关卡任务四个模块，帮助学生厘清知识脉络，训练 Python 编程实战能力，适合初学者进行 Python 程序设计入门学习。

本书由葛宇、韩鸿宇任主编，由方涛、崔冬霞、沈轶、张永来任副主编。第 1～3 章由方涛编写，第 4～6 章由沈轶编写，第 7～9 章由崔冬霞编写，第 10～13 章由葛宇编写。葛宇负责全书的结构设计、风格设计及统稿工作，葛宇、韩鸿宇审稿，张永来校稿。

本书在编写过程中得到了北京无忧创想信息技术有限公司和四川师范大学计算机科学学院领导、教师们的大力支持和帮助，在此表示衷心的感谢！特别感谢所有参编教师的家人给予的理解和支持。

由于编者水平有限，加上时间仓促，书中若有疏漏和不足之处，敬请读者批评指正。

编　者

2021 年 12 月

目　　录

第 1 章　走进 Python ······ 1

1.1　冲关知识准备——Python 基础操作 ······ 1

1.1.1　Python 的安装 ······ 1

1.1.2　运行 Python 代码 ······ 5

1.1.3　认识 Python 库 ······ 6

1.2　热身加油站——开启 Python 之旅 ······ 8

案例 1-1　Shell 交互式运行 Python 代码 ······ 8

案例 1-2　文件式运行 Python 代码 ······ 8

案例 1-3　文件式运行含输入语句的代码 ······ 9

案例 1-4　文件式运行含循环语句的绘图代码 ······ 10

案例 1-5　文件式运行含格式化输出的代码 ······ 10

案例 1-6　文件式运行含自定义函数的绘图代码 ······ 11

1.3　冲关任务——Python 代码的运行体验 ······ 11

1.4　关卡任务 ······ 13

第 2 章　turtle 模块应用 ······ 14

2.1　冲关知识准备——认识 turtle ······ 14

2.1.1　turtle 模块概述 ······ 14

2.1.2　turtle 模块基础 ······ 15

2.1.3　绘图函数解析 ······ 17

2.2　热身加油站——学习 turtle 绘图要领 ······ 19

案例 2-1　turtle 运动函数练习 ······ 19

案例 2-2　turtle 绘制图形 ······ 20

案例 2-3　turtle 画笔控制练习 ······ 21

案例 2-4　turtle 绘制任意多边形 ······ 22

案例 2-5　turtle 绘制太极图 ······ 22

2.3　冲关任务——turtle 绘图的实践 ······ 24

2.4　关卡任务 ······ 25

第 3 章　Python 编程大揭秘 ······ 26

3.1　冲关知识准备——输入/输出和基本数据类型 ······ 26

3.1.1　数据的输入/输出 ······ 26

3.1.2　基本数据类型 ······ 27

3.2　热身加油站——理解程序中的输入/输出 ······ 29

案例 3-1 代码中的计算与输出…………29
案例 3-2 内置数学函数的使用…………30
案例 3-3 模块中函数的使用…………31
案例 3-4 数学运算符的使用…………31
案例 3-5 变量赋值的三种方法…………32
案例 3-6 字符串切片…………33
案例 3-7 字符串的“包含”判断…………34
案例 3-8 三角函数图案绘制…………34
案例 3-9 数学函数的图形化输出…………35
3.3 冲关任务——输入/输出模式下的程序设计…………37
3.4 关卡任务…………38

第 4 章 按部就班和选择…………39

4.1 冲关知识准备——顺序和分支结构使用规则…………39
4.2 热身加油站——生活中常用的顺序与分支流程…………43
案例 4-1 利息计算…………43
案例 4-2 年龄分级…………44
案例 4-3 超速判断…………45
案例 4-4 身高分类…………46
案例 4-5 折扣计算…………47
4.3 冲关任务——顺序和分支的运用…………49
4.4 关卡任务…………50

第 5 章 循环的秘密…………51

5.1 冲关知识准备——Python 循环…………51
5.1.1 for 循环…………51
5.1.2 while 循环…………52
5.1.3 中断循环 break…………52
5.1.4 继续循环 continue…………53
5.2 热身加油站——生活中的循环…………53
案例 5-1 统计汉字个数…………53
案例 5-2 进制转换…………54
案例 5-3 删除指定字符…………55
案例 5-4 牛顿迭代法求平方根…………56
案例 5-5 说谎问题…………58
5.3 冲关任务——循环结构的运用…………59
5.4 关卡任务…………60

第 6 章　循环扩展与异常处理······61
6.1　冲关知识准备——更强大的程序结构······61
6.2　热身加油站——体验嵌套循环与异常处理······66
案例 6-1　计算 50 以内的素数······66
案例 6-2　冰雹猜想······67
案例 6-3　绘制螺旋四叶草图案······68
案例 6-4　计算时间距离······69
案例 6-5　异常处理······70
6.3　冲关任务——循环的高级运用与异常处理······71
6.4　关卡任务······72
第 7 章　元组和列表······73
7.1　冲关知识准备——元组和列表的使用规则······73
7.2　热身加油站——元组和列表的基本操作······76
案例 7-1　元组的表示与应用······76
案例 7-2　列表常用操作 1······77
案例 7-3　列表常用操作 2······78
案例 7-4　列表的赋值与复制······79
案例 7-5　元组元素拼接······80
案例 7-6　列表推导式······81
案例 7-7　列表在元件测试中的运用······82
案例 7-8　列表操作综合运用······83
案例 7-9　列表元素的删除······84
案例 7-10　字典序最小问题······84
7.3　冲关任务——元组和列表的运用······85
7.4　关卡任务······87
第 8 章　集合和字典······89
8.1　冲关知识准备——集合和字典的使用规则······89
8.2　热身加油站——集合和字典的基本操作······93
案例 8-1　集合的表示与基础运用······93
案例 8-2　集合元素唯一性的运用······94
案例 8-3　利用字典统计成绩······95
案例 8-4　集合综合操作······96
案例 8-5　字典模拟用户登录······97
案例 8-6　结合字典统计字符出现频率······98
案例 8-7　结合字典统计单词出现频率······99
案例 8-8　结合字典统计中文词语出现频率······100

8.3 冲关任务——字典的运用 …… 101
8.4 关卡任务 …… 103

第 9 章 自定义函数 …… 104

9.1 冲关知识准备——认识自定义函数 …… 104
9.2 热身加油站——自定义函数及其相关操作 …… 107
案例 9-1 参数传递 …… 107
案例 9-2 lambda 函数 …… 108
案例 9-3 设计函数计算平均值、最值 …… 108
案例 9-4 设计函数计算斐波拉契数列 …… 109
案例 9-5 设计可接收元组参数的函数 …… 110
案例 9-6 设计可接收字典参数的函数 …… 111
案例 9-7 设计递归函数 …… 112
案例 9-8 变量作用域 …… 113
案例 9-9 计算最大公约数与最小公倍数 …… 114
9.3 冲关任务——用自定义函数提高代码复用率 …… 115
9.4 关卡任务 …… 116

第 10 章 文件操作 …… 118

10.1 冲关知识准备——认识文件基本操作 …… 118
10.2 热身加油站——自动化文件操作基础 …… 121
案例 10-1 打开、读取、关闭文件 …… 121
案例 10-2 读取并替换文件内容 …… 122
案例 10-3 读取并拼接文件内容 …… 123
案例 10-4 向文件写入内容 …… 124
案例 10-5 遍历文件夹 …… 125
案例 10-6 创建文件夹、复制文件 …… 126
案例 10-7 删除、重命名、移动指定类型文件 …… 127
10.3 冲关任务——文件操作应用 …… 128
10.4 关卡任务 …… 129

第 11 章 PDF 文件处理与可视化 …… 130

11.1 冲关知识准备——PDF 处理、分词与词云 …… 130
11.2 热身加油站——读取 PDF、分词与生成词云 …… 132
案例 11-1 读取指定页码的 PDF 文本内容 …… 132
案例 11-2 读取指定页码的 PDF 表格内容 …… 134
案例 11-3 读取 PDF 所有表格内容 …… 135
案例 11-4 分词并统计词频 …… 136
案例 11-5 基本词云图 …… 138

案例 11-6　指定形状的词云图 ……139
11.3　冲关任务——读取 PDF 内容、文本分词与可视化 ……141
11.4　关卡任务……143

第 12 章　Excel 数据处理与可视化 ……145

12.1　冲关知识准备——处理 Excel、数据可视化 ……145
12.2　热身加油站——自动处理 Excel 与数据图……147
案例 12-1　创建 Excel 文件并写入内容……147
案例 12-2　比对 Excel 文件 ……149
案例 12-3　在 Excel 中插入内容 ……150
案例 12-4　合并 Excel 文件 ……151
案例 12-5　Excel 数据分类写入不同表 ……152
案例 12-6　生成柱形图 ……153
案例 12-7　生成漏斗图 ……155
12.3　冲关任务——数据自动处理与可视化……156
12.4　关卡任务……159

第 13 章　游戏编程基础 ……160

13.1　冲关知识准备——游戏编程要素与可视化界面 ……160
13.2　热身加油站——游戏设计与可视化输入/输出 ……165
案例 13-1　创建基本游戏窗口 ……165
案例 13-2　创建指定背景的游戏窗口……166
案例 13-3　在游戏窗口中绘图 ……167
案例 13-4　在游戏窗口中移动图案 ……168
案例 13-5　可视化输入/输出 ……169
13.3　冲关任务——设计简单游戏……171
13.4　关卡任务……173

参考文献 ……174

第 1 章

走进 Python

老师交给李雷和韩梅新学期任务，需要他们和同学一起学习一门新的编程语言——Python 语言，迅速掌握 Python 语言的特点、安装、代码运行、调试等基本操作。

完成上述任务，他们需要了解 Python 的特点，对应软件的安装方法，能够正确地编写、运行、调试程序，掌握 Python 强大的盟友——第三方库；在热身加油站补充能量观察并分析各个案例，思考其中的代码规则及实现逻辑；在冲关任务中完成有关 Python 软件的基础操作；最后完成关卡任务。

1.1 冲关知识准备——Python 基础操作

1.1.1 Python 的安装

学习 Python 编程，首先需要把 Python 相关的软件安装到计算机。安装完成后，将会得到一个 Python 解释器、一个命令行交互环境 IDLE Shell 窗口以及一个简单的集成开发环境。安装 Python 软件只需要 4 步，让我们一起来操作吧。

1. 了解你的计算机系统

在桌面上找到“计算机”图标并右击，在弹出的右键菜单中选择“属性”选项，就可以查看计算机的系统类型，如图 1-1 所示。

图 1-1 系统信息

2. 下载 Python 安装包

先登录 Python 的官方网站(python.org)，单击 Downloads 标签进入软件下载区，如图 1-2 所示。

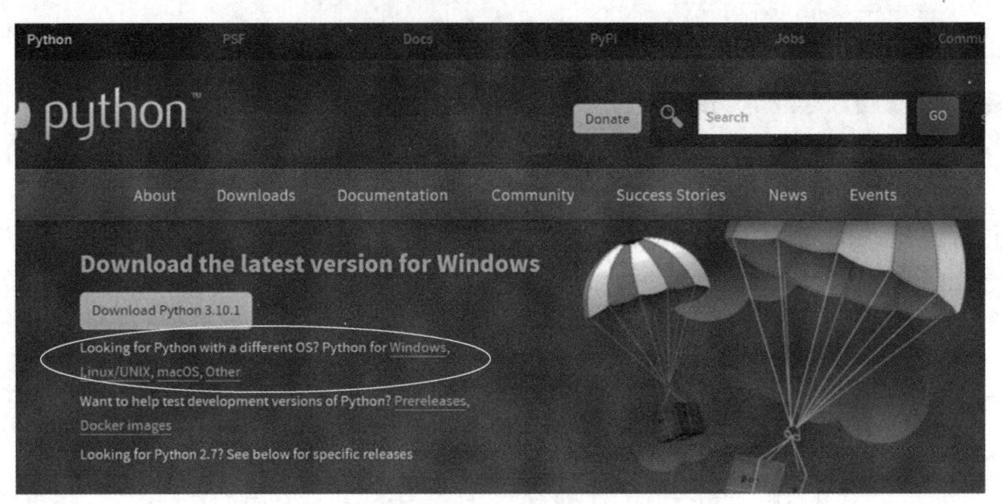

图 1-2 下载 Python

说明：

(1) Python 为不同的操作系统提供了不同的安装包下载，这里以 Windows 10 为例。

(2) 大家要根据自己安装的操作系统下载相应的安装包，如图 1-3 所示。

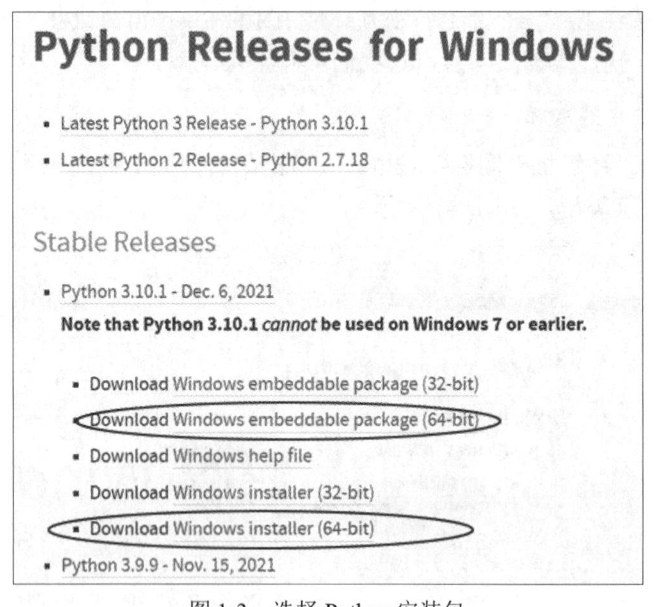

图 1-3 选择 Python 安装包

(3) 安装包分为 embeddable package 和 installer。embeddable package 下载后可以直接使用；installer 则需要安装才能使用，安装方法与安装应用软件相同，推荐使用这种方式，因为它会自动安装一些工具，如 pip 等，还会自动配置用户变量，安装成功后，就可以直接使用。

3. 安装 Python

双击下载好的安装包，首先选择自动配置环境，然后选择 Customize installation，进行自定义安装，如图 1-4 所示。

图 1-4　自定义安装选项

说明：

(1) 一定要选中 Add Python 3.10 to PATH 复选框，把 Python 3.10 添加到环境变量，然后在 Windows 命令提示符下运行 Python，否则用户需要重新配置。

(2) Install Now 默认安装路径，不推荐使用。

(3) Customize installation 自定义安装，可以选择安装路径，推荐用户选择。

(4) 在 Optional Features 窗体和 Advanced Options 窗体中，根据自己的需要选择安装，也可以是默认选项，然后单击 Install 按钮，如图 1-5、图 1-6 所示。

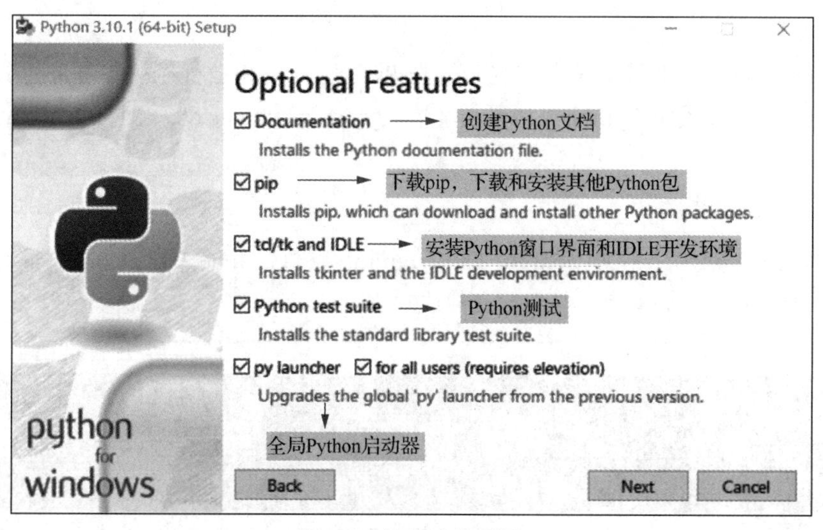

图 1-5　选择安装项目

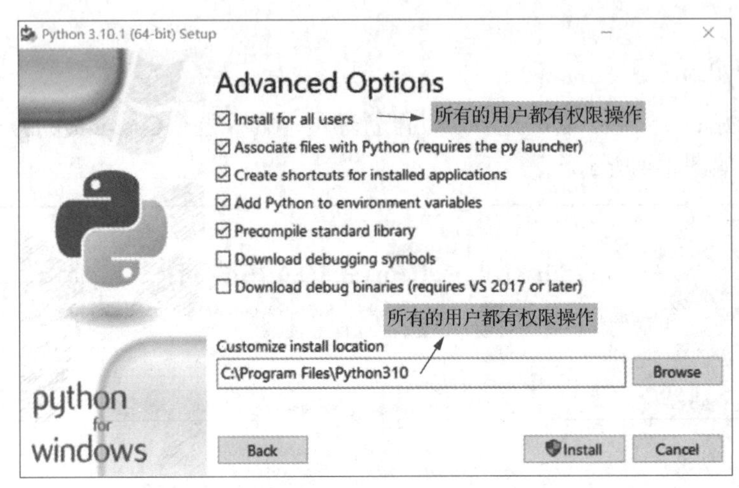

图 1-6 高级安装选项

(5) 软件安装成功，如图 1-7 所示。

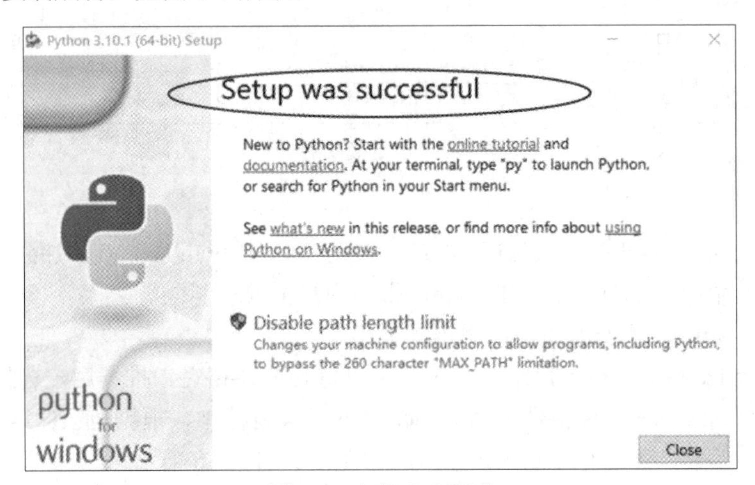

图 1-7 安装成功界面

(6) Python 安装包将在系统中安装一批与 Python 开发和运行相关的程序，其中最重要的两个是 Python 命令行和 Python 集成开发环境(Python's Integrated Development Environment，IDLE)。

4. 测试是否安装成功

检验是否安装成功，在操作系统中打开 cmd 命令窗口并输入“python”命令，出现如图 1-8 所示 Python 版本提示，则表示安装成功。

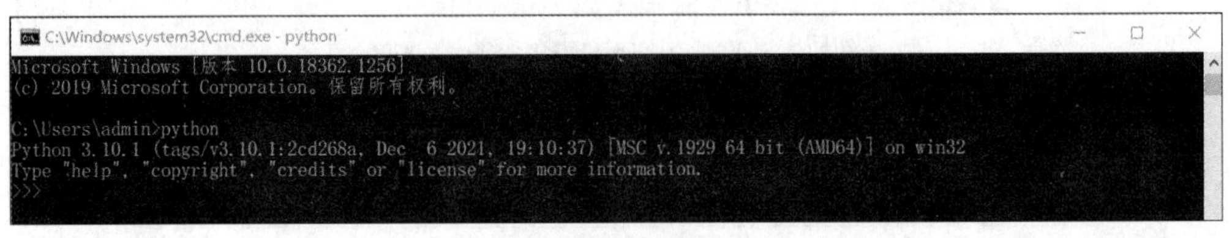

图 1-8 测试是否安装成功

1.1.2　运行 Python 代码

正确安装完成 Python 开发工具后，将会得到一个 Python 解释器、一个命令行交互环境 IDLE Shell 窗口以及一个简单的集成开发环境。IDLE 是开发 Python 程序的基本工具，具备基本的程序调试、运行的功能，是简单 Python 开发不错的选择。安装好 Python 解释器以后，IDLE 被自动安装好了，可以直接运行使用。

Python 代码的运行方式有两种，分别是 Shell 交互式和文件式。Shell 交互式可以执行用户输入的每条命令，对于调试和实验非常有利。文件式保存在文本文件中的 Python 代码，它可以一次性全部运行。

1. Shell 交互式运行 Python 代码

在 Shell 交互式下，用户只需要在“>>>”后直接输入命令，用户输入 Python 的每条代码，输出结果如图 1-9 所示。

```
IDLE Shell 3.10.1
File Edit Shell Debug Options Window Help
   Python 3.10.1 (tags/v3.10.1:2cd268a, Dec  6 2021, 19:10:37) [MSC v.1929 64 bit (
   AMD64)] on win32
   Type "help", "copyright", "credits" or "license()" for more information.
>>>print("Hello Python")
   Hello Python
>>>3+2
   5
>>>"3"+"2"
   '32'
>>>
```

图 1-9　Shell 交互式

说明：

(1) 在 Shell 交互式的启动方式中，常用的是通过安装的 IDLE 来启动 Python 运行环境。

(2) 在提示符“>>>”后输入 exit() 或者 quit() 可以退出 Python 的运行环境。

2. 文件式运行 Python 代码

打开 IDLE，在菜单栏中选择 File→New File 命令或者使用 Ctrl+N 键打开一个新窗口。这是 IDLE 程序编辑器，可在编辑器中直接录入程序代码，如图 1-10 所示。

```
File Edit Format Run Options Window Help
print("Hello Python")
print(3+2)
print("3"+"2")
```

图 1-10　IDLE 程序编辑器

说明：

(1) 录入多行程序代码后，程序在运行之前需要保存。选择 File(文件)→Save(保存)或者 File→Save as(另存为)命令保存文件，并为文件取名“解释器案例-1.py”。注意，如果不选择默认的文件存储位置，用户可以通过 Save as 命令方式，更改文件存储位置，如图 1-11 所示。

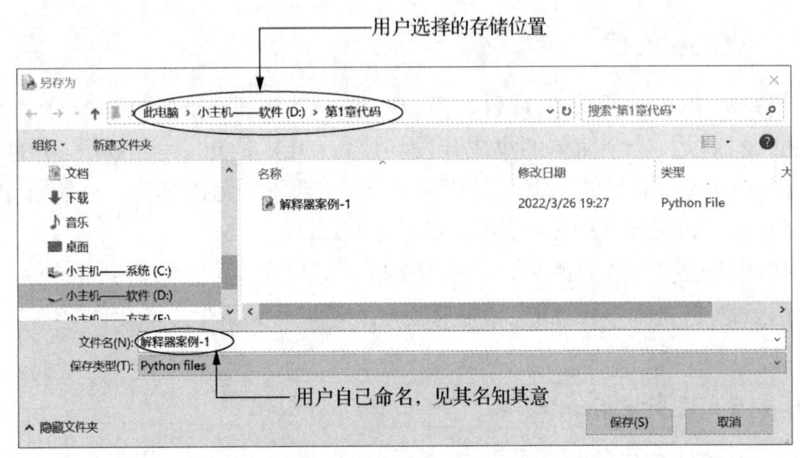

图 1-11 程序另存为操作

(2) 在菜单栏中选择 Run→Run Module (运行模块) 命令，或者直接按 F5 键就可以运行程序了，如图 1-12 所示。

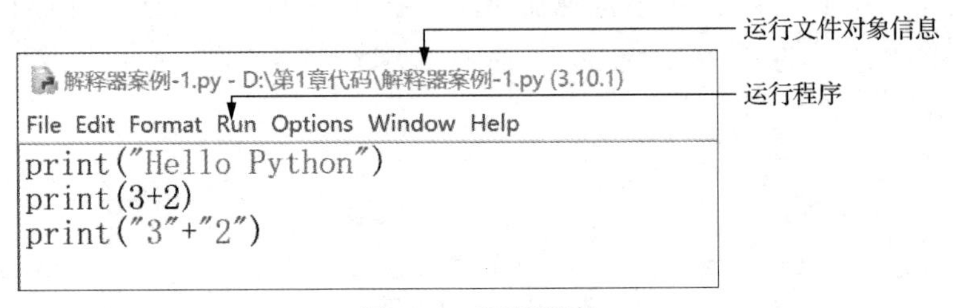

图 1-12 运行程序

(3) 在 Shell 交互窗口中就可以查看程序运行结果，如图 1-13 所示。

```
========================= RESTART: D:\第1章代码\解释器案例-1.py =========================
Hello Python
5
32
```

图 1-13 程序运行结果

1.1.3 认识 Python 库

库可以让程序员在开发过程中不需要反复写最基础的代码，实现代码的复用。Python 库是相关功能模块的集合，模块是某些功能代码的集合，导入库中对应的模块，就可以在自己的代码中使用其功能，从而提高效率。

1. 标准库与第三方库

Python 语言有标准库和第三方库两类库。标准库是所有内置模块的统称，随 Python 安装包一起发布，如表 1-1 列出了常用的内置模块。除了标准库的模块以外，还有许多第三方库中的模块，它们的调用方式相同。

表 1-1　常用内置模块

名称	作用
datetime	为日期和时间处理同时提供了简单和复杂的方法
zlib	直接支持通用的数据打包和压缩格式：zlib、gzip、bz2、zipfile 及 tarfile
random	提供了生成随机数的工具
math	为浮点运算提供了对底层 C 函数库的访问
sys	工具脚本经常调用命令行参数。这些命令行参数以链表形式存储于 sys 模块的 argv 变量
glob	提供了一个函数用于从目录通配符搜索中生成文件列表
os	提供了不少与操作系统相关联的函数
urlib	获取网页源码

格式：

```
import 模块名 1,模块名 2,…
import 模块名 as 别名
from 模块名 import 函数名 1,函数名 2,…
from 模块名 import *
```

说明：

(1) 可以一次导入一个或者多个模块。

(2) 使用 import 方式导入模块后，通过“模块名.函数名”的方式使用模块中的功能，其中“as 别名”表示可以用别名代替模块名。

(3) 使用 from…import…方式导入模块后，无须添加前缀，可以像使用当前程序中的内容一样使用模块中的内容。

(4) 使用 from…import…方式也支持一次导入多个函数、类、变量等，函数与函数之间使用逗号隔开，利用通配符*可使用 from…import…导入模块中的全部功能。

2. 第三方库

当 Python 的内置模块不能满足需求时，就会有很多程序员自己写模块并把它发布到 pip 的网站供大家使用，这些模块被统称为第三方库，Python 的流行很大程度上得益于第三方库提供的丰富功能。

第三方库可以借助 Python 官方提供的查找页面查询，表 1-2 是常用的第三方库模块，在使用之前通常需要开发人员自行安装(常用方法是网络安装)。

表 1-2　第三方库常用模块

功能	第三方库模块
网络爬虫	requests、scrapy
数据分析	numpy、scipy、pandas
文本处理	jieba、pdfminer、openpyx1、python-docx、beautifulsoup4、wordcloud
用户图形界面	PyQt5、wxPyhton、easygui
机器学习	scikit-learn、TensorFlow、Theano
Web 开发	django、Pyramid、Flask
游戏开发	pygame、Panda3D、cocos2d
数据可视化	Matplotlib、TVTK、mayavi

说明：

(1) Python第三方库有三种安装方法，即pip安装、自定义安装和文件安装。pip是Python官方提供并维护的在线第三方安装工具，最常用且效率最高。pip 安装只需要在 cmd 命令窗口中执行命令：pip install 模块名。

(2) PyInstaller 是一个十分有用的第三方库，它能够在 Windows、Linux、MacOS X 等操作系统下将 Python 的源文件(即.py)打包，变成直接运行的可执行文件。

(3) jieba 库主要提供中文分词功能，也可以辅助自定义分词词典，是一个重要的第三方中文分词函数库。

(4) wordcloud 库是专门用于根据文本生成词云的 Python 第三方库，它十分常用且非常生动有趣。

(5) 游戏开发是一个非常有趣的方向，在游戏逻辑和功能实现层面，Python 已经成为重要的支撑性语言。其中，Pygame 是一个非常适合作为入门理解并实践开发的第三方生态库。

1.2 热身加油站——开启 Python 之旅

案例 1-1 Shell 交互式运行 Python 代码

在 Shell 交互窗口中录入如图 1-14 所示代码，并观察运行结果是否正确。

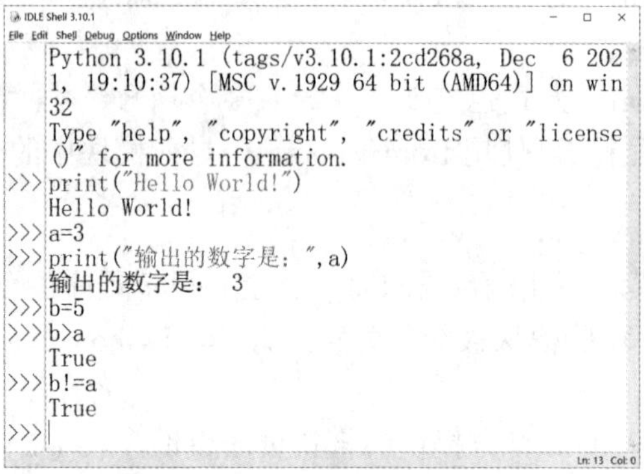

```
IDLE Shell 3.10.1
File Edit Shell Debug Options Window Help
Python 3.10.1 (tags/v3.10.1:2cd268a, Dec  6 2021, 19:10:37) [MSC v.1929 64 bit (AMD64)] on win32
Type "help", "copyright", "credits" or "license()" for more information.
>>> print("Hello World!")
Hello World!
>>> a=3
>>> print("输出的数字是：",a)
输出的数字是： 3
>>> b=5
>>> b>a
True
>>> b!=a
True
>>>
Ln: 13 Col: 0
```

图 1-14 Shell 交互窗口运行代码

问题解析：

(1) 在 Shell 交互窗口的执行过程中，可以立即观察到输出结果。

(2) print 函数的功能是在屏幕上输出语句执行结果。

站点小记：本例题难点在于正确录入代码，尤其要注意代码中所使用的标点符号必须是英文标点。

案例 1-2 文件式运行 Python 代码

在 IDLE 程序编辑器中录入如图 1-15 所示文件名为“案例 1-2.py”的程序代码段，运行并确保输出正确的结果。

```
print("Hello Word! ")
a=3
print("数字式: ",a)
b=5
print(b>a)
print(b!=a)
```

图 1-15　程序编辑器中录入代码

问题解析：

(1) 在文件运行方式下，IDLE 程序编辑器中需要一次性写入执行的所有命令。

(2) 相同功能，在 Shell 交互窗口和 IDLE 程序编辑器中执行方式的不同。

运行测试：Shell 交互窗口中的运行结果如下。

```
>>>
==============RESTART:D:\案例 1-2.py==============
Hello Word!
数字式:  3
True
True
```

站点小记：所有的程序都可以通过 IDLE 程序编辑器编写并运行。对于单行代码或者通过观察输出结果讲解的少量代码，可以选择 Shell 交互窗口进行描述；对于讲解整段代码的情况，采用 IDLE 程序编辑器进行描述。

案例 1-3　文件式运行含输入语句的代码

在 IDLE 程序编辑器中录入并运行文件名为“案例 1-3.py”的程序代码段，代码设计如图 1-16 所示，运行并确保输出正确的结果。

```
m = eval(input("输入第一个整数: "))
n = eval(input("输入第二个整数: "))
sum = m + n      # 求 和
avg = (m + n) / 2       # 求平均
print("和 为 : ", sum)
print("平均值为: ", avg)
```

图 1-16　求和与求平均值代码

问题解析：

(1) 本例题采用 input 函数在 Shell 交互窗口中完成信息的输入。

(2) #是对该行文本的注释，不参与程序执行。

运行测试：Shell 交互窗口中的运行结果如下。

```
>>>
==============RESTART:D:\案例 1-3.py==============
输入第一个整数: 4
输入第二个整数: 6
和 为 :  10
平均值为:  5.0
```

站点小记：在程序执行过程中遇到 input 函数，程序会暂时停留在 Shell 交互窗口中，等待用户录入数据，按 Enter 键确认后继续执行。

案例 1-4　文件式运行含循环语句的绘图代码

在 IDLE 程序编辑器中录入并运行文件名为“案例 1-4.py”的程序代码段，代码设计如图 1-17 所示，运行并确保输出正确的结果。

```
import turtle
colors=["red","orange","yellow","green","blue","indigo","purple"]
for i in range(7):
      c=colors[i]
      turtle.color(c,c)
      turtle.begin_fill()
      turtle.rt(360/7)
      turtle.circle(100)
      turtle.end_fill()
turtle.done()
```

for首行末用“：”表示结构开始

循环体结构语句采用缩进方式

图 1-17　绘制七色圆代码

问题解析：

(1) 使用内置模块 turtle，需要使用 import 语句导入模块。

(2) 使用循环 for 语句，循环体结构语句的书写规则是通过缩进方式来表示的，从命令 c=colors[i]开始，命令 turtle.end_fill()结束。

运行测试：运行结果如图 1-18 所示。

彩图 1-18

图 1-18　绘制七色圆效果

站点小记：必须使用 import 命令导入内置模块才能使用其功能，for 循环结构中循环体内的语句通过缩进来体现，如图 1-17 所示，要清晰循环结构体的开始语句和结束语句。

案例 1-5　文件式运行含格式化输出的代码

在 IDLE 程序编辑器中录入并运行文件名为“案例 1-5.py”的程序代码段，代码设计如图 1-19 所示，运行并确保输出正确的结果。

```
import random
str1=input("请输入你的名字：")
print("hello!{}".format(str1))
guard=ord(str1[0])%100
print("你的幸运数字是：",random.choice(range(guard)))
```

图 1-19　计算幸运数代码

问题解析：

(1) 使用内置模块 random 前，必须使用 import 命令导入。

(2) format 函数可以让输出格式更优化。

运行测试： Shell 交互窗口中的运行结果如下。

```
>>>
==============RESTART:D:\案例 1-5.py==============
请输入你的名字：小红
hello!小红
你的幸运数字是： 17
```

站点小记： 内置模块 random 中有很多有趣的函数，可以去模拟抽奖、幸运数等随机问题，其详细内容在第 6 章进行具体讲解。

案例 1-6　文件式运行含自定义函数的绘图代码

在 IDLE 程序编辑器中录入并运行文件名为“案例 1-6.py”的程序代码段，代码设计如图 1-20 所示，运行并确保输出正确的结果。

问题解析：

(1) 注意书写定义函数 def 结构语句、if…else 选择结构语句的格式。

(2) 自定义函数 fib，自定义函数被反复调用，完成强大的运算功能。

运行测试： 运行结果如图 1-21 所示。

```
from turtle import *
pencolor("red")
pensize(4)
def fib(n):
    if n<2:
        return 1
    else:
        return fib(n-1)+fib(n-2)
for i in range(13):
    circle(fib(i),90)
```

图 1-20　绘制螺旋线代码

图 1-21　绘制螺旋线效果

站点小记： Python 绘制的斐波拉契数列，感受数与图的空间对应。

1.3　冲关任务——Python 代码的运行体验

任务 1-1　为了感受交互式代码执行过程，韩梅依次输入命令行，完成如下操作。

```
>>> 1+100
>>> 2048/1024
>>> pi=3.14159
>>> 2*pi*11
>>>[10,11]
>>> 10 in[10,11]
>>> 9 in[10,11]
```

```
>>> "我是字符串"
>>> "字符串" in "我是字符串"
>>> print(1+100)
>>> list(range(5))
>>> list(range(1,6))
>>> for i in range(5):
        print(i)
>>> for i in range(5):
        print(i,end=",")
```

提示：依次录入并执行代码，遇到不能执行的代码，系统会给出判断说明。

任务 1-2 李雷想体验文件式代码执行过程，编写程序求圆的面积(设圆的半径 r = 10)。提示：圆的面积 area = r*r*3.1415。

任务 1-3 韩梅输入如图 1-22 所示的程序代码并运行，她想尝试理解程序并猜一猜：若把 a＜100 改为 a＜120，程序的输出结果会有什么变化？

```
a, b=0, 1
while a<100:
      print(a, end=",")
      a, b=b, a+b
```

```
>>>
============================ RESTART: D:\任务1-3.py ============================
0, 1, 1, 2, 3, 5, 8, 13, 21, 34, 55, 89,
>>>
```

图 1-22 斐波拉契数列程序

提示：斐波拉契数列的数学关系为 F(0)=0，F(1)=1,…,F(n)=F(n−2)+F(n−1)。

任务 1-4　李雷输入图 1-23 所示的代码段，遇到错误的代码行，他该如何修改？

```
x=input("请输入第一个数：")
y=input("请输入第二个数：")
if a>b
print("两数中较大的数为：",a)
print("两数中较大的数为：",b)
```

图 1-23　两数比大小程序

1.4 关 卡 任 务

韩梅和李雷对数与形的对应非常感兴趣，他们很想知道简单的数学问题多重叠加后，通过计算机演示出来会有哪些神奇的效果。老师带领他们编写了一个绘制正方形的简单函数，然后通过循环语句让该函数重复执行 100 次，就呈现出如图 1-24 的神奇效果。同学们，你们也录入如图 1-25 所示的程序段并运行，感受计算机强大的计算功能和简单数学问题多重叠加后神奇的图形效果吧。

图 1-24　螺旋正方形效果

```
from turtle import *
def draw(line):
    if  line>0:
        fd(line)
        right(90)
        draw(line-1)
draw(100)
hideturtle()
```

图 1-25　绘制螺旋正方形程序

第2章

turtle 模块应用

一年一度的计算机大赛就要开始，韩梅和李雷想通过 turtle 模块绘制出精美的几何图形和函数图形作品参加比赛。

完成上述任务，他们需要学习和掌握 turtle 模块的构建体系与基本绘图方法；在热身加油站补充能量观察并分析各个案例程序，思考其中的代码规则及实现逻辑；在冲关任务中完成 turtle 的基本绘图；最后完成关卡任务。

2.1　冲关知识准备——认识 turtle

2.1.1　turtle 模块概述

Python 中的 turtle 模块是一个直观有趣的图形绘制函数库，是 Python 的标准库之一，同时 turtle 模块也是最有价值的程序设计入门实践库。Python 中对 turtle 模块的 import 函数的调用，可以由三种方式，三种方式的作用是相同的。

1) 引用 turtle 方式一

格式：

```
import turtle                  #调用 turtle 模块
turtle.circle(半径)             #调用 turtle 模块中的函数
```

说明：

(1) 使用 import turtle，加载 turtle 模块。

(2) “半径”参数可以取值为 300，如 turtle.circle(300)。

2) 引用 turtle 方式二

格式：

```
from turtle import *           #调用 turtle 模块
circle(半径)                    #直接调用 turtle 模块中的函数
```

说明：

(1) 使用 from turtle import *，对 turtle 库中函数调用直接采用“函数名()”的形式，不在使用 turtle.作为前导。

(2) 该引用仅导入所使用的函数：

```
from turtle import circle
circle(300)
```

3) 引用 turtle 方式三

格式：

```
Import turtle as t        #调用 turtle 模块，并取别名为 t
t.circle(半径)             #利用别名调用 turtle 模块中的函数
```

说明：

使用 import turtle as t，对 turtle 库中函数调用采用更直接的“t.<函数名>()”的形式，保留字 as 的作用就是将 turtle 库给予别名 t，此处也可以选择其他别名，方便、易于记忆就好。

2.1.2 turtle 模块基础

1) turtle 窗体函数

利用 turtle 模块绘制图形有一个基本的框架：一个小海龟，在一个横轴为 x、纵轴为 y 的坐标系原点 (0,0) 位置开始，根据一组指令的控制，在这个平面坐标系中移动，从而在它爬行的路径上绘制图形。

Turtle 模块为用户展开用于绘图的区域称为画布，画布所在的窗体也叫主窗体。如果用户想用 turtle 模块中的函数绘制图形，则要使用 setup 函数设置主窗体的大小和位置，如图 2-1 所示。

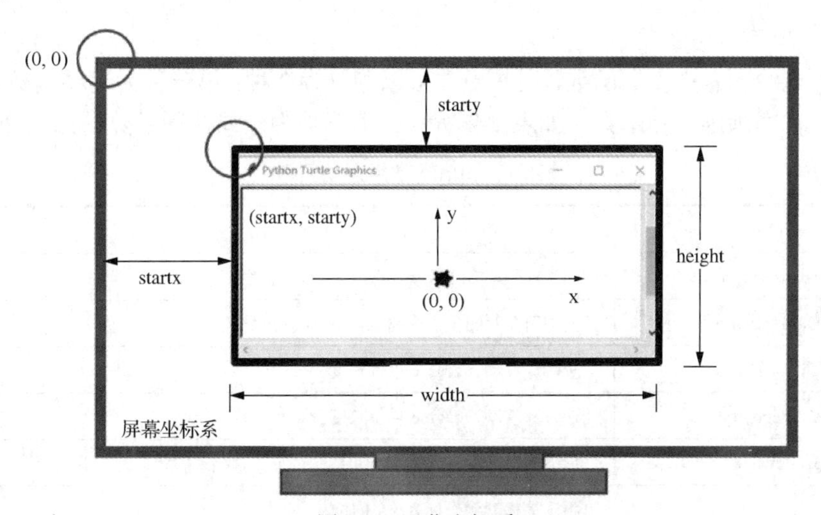

图 2-1　屏幕坐标系

格式：

```
turtle.setup(width,height,startx,starty)  #设置主体窗体的大小和位置
```

说明：

(1) width 参数：窗口宽度。如果值是整数，则表示的是像素；如果值是小数，则表示窗口宽度与屏幕的比例。

(2) height 参数：窗口高度。如果值是整数，则表示的是像素；如果值是小数，则表示窗口高度与屏幕的比例。

(3) startx 参数：窗口左侧与屏幕左侧的像素距离。如果值是 None，则窗口位于屏幕水平中央。

(4) starty 参数：窗口顶部与屏幕顶部的像素距离。如果值是 None，则窗口位于屏幕垂直中央。startx,starty 的最小单位是像素，位于左上角是(0,0)。

2) turtle 模块的绘图坐标系

在窗体绘制中，除了设置主窗体的信息，还需要掌握 turtle 模块的绘图坐标系，即空间坐标体系。其中，经常使用的绝对坐标就是标准的 xOy 坐标系，上 y 右 x，中央点是(0,0)，如图 2-2 所示。

在画布上，默认有一个坐标原点为画布中心的坐标轴，坐标原点上有一只面朝 x 轴正方向小海龟。绘图过程中，我们可以参考 turtle 空间坐标(图 2-3)，该坐标的标准模式(standard)下默认头朝的方向就是头朝右。

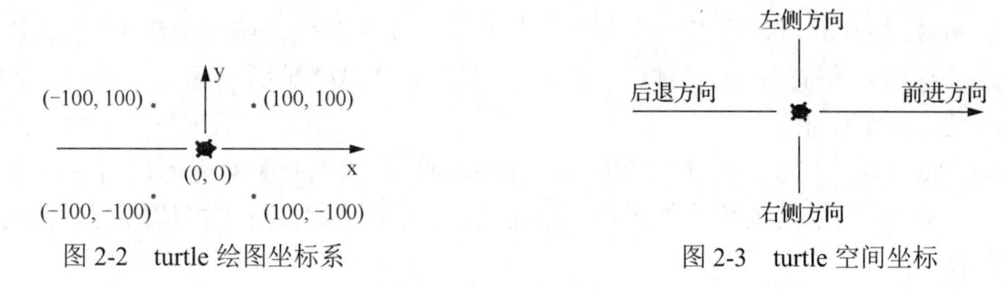

图 2-2 turtle 绘图坐标系

图 2-3 turtle 空间坐标

3) turtle 画笔运动函数

操纵海龟绘图有许多的函数，这些函数可以划分为 3 种：第一种为运动函数，如表 2-1 所示；第二种为画笔控制函数，如表 2-2 所示；第三种为全局控制函数，如表 2-3 所示。

表 2-1 turtle 常用运动函数

函数	说明
forward (distance)	向当前画笔方向移动，distance 单位长度
backward (distance)	向当前画笔相反方向移动，distance 单位长度
right (degree)	顺时针移动，degree 单位长度
left (degree)	逆时针移动，degree 单位长度
pendown ()	放下画笔，配合画笔移动可绘制图形，画笔缺省状态为放下
goto (x,y)	将画笔移动到坐标为 x,y 的位置
penup ()	提起笔，画笔移动时不绘制图形
circle ()	画圆，半径为正(负)，表示圆心在画笔的左边(右边)
setx ()	将当前 x 轴移动到指定位置
sety ()	将当前 y 轴移动到指定位置
setheading (angle)	设置当前朝向，为 angle 角度
home ()	设置当前画笔位置为原点，朝向东
dot (r)	绘制一个指定直径和颜色的圆点

表 2-2　turtle 常用画笔控制函数

函数	说明
fillcolor(colorstring)	绘制图形的填充颜色，colorstring 是颜色规范字符串，如"red"或"yellow"等
color(color1,color2)	同时设置 pencolor = color1,fillcolor = color2
filling()	返回当前是否在填充状态
begin_fill()	准备开始填充图形
end_fill()	填充完成
hideturtle()	隐藏画笔形状
showturtle()	显示画笔形状

表 2-3　turtle 常用全局控制函数

函数	说明
clear()	清空 turtle 窗口，但是 turtle 的位置和状态不会改变
reset()	清空 turtle 窗口，重置 turtle 状态为起始状态
undo()	撤销上一个 turtle 动作
isvisible()	返回当前 turtle 是否可见
stamp()	复制当前图形
write(s[,font=("font-name",font_size,"font_type")])	写文本，s 为文本内容，font 是字体参数，分别为字体名称、大小和类型；font 为可选项，font 参数也是可选项
get_poly()	返回最后记录的多边形

2.1.3　绘图函数解析

1)常用画笔控制函数

描述 turtle 时使用了两个词语：坐标原点(位置)，面朝 x 轴正方向(方向)。turtle 绘图中，就是使用位置方向描述小海龟(画笔)的状态。画笔状态有画笔的属性、颜色、画线的宽度等。

格式：

```
import turtle
turtle.penup()或turtle.pu()或turtle.up()          #抬起画笔，移动将不绘制图形
turtle.pendown()或turtle.pd()或turtle.down()    #落下画笔，移动将绘制图形
turtle.pensize(width)                           #设置画笔的宽度
turtle.pencolor(colorstring)或turtle.pencolor(r,g,b)  #设置画笔的颜色
turtle.speed(speed)                             #设置画笔移动速度
```

说明：

(1)width 参数：设置画笔的宽度，如果为 None 或者为空，则函数返回当前画笔宽度。

(2)colorstring 参数：颜色的字符串，如“red”“blue”“yellow”等。

(3)(r,g,b)参数：对应颜色的 RGB 数值，如(23,155,204)。

(4)speed 参数：设置画笔移动速度，画笔绘制的速度范围[0,10]整数，数字越大画笔移动越快。

2)运动控制函数

turtle 通过一组函数控制画笔的行进动作绘制形状。fd 函数是常用来控制画笔向当前行进方向前进一个距离，circle 函数用于绘制弧形或者圆，其定义如下。

格式：

```
import turtle
turtle.fd(distangce)或者 turtle.forward(distance)
turtle.circle(radius,extent=None)
```

说明：

(1)distance 参数：小海龟当前行进方向前进的距离，当值为负值时，表示相反方向前进。

(2)radius 参数：弧形半径，当值为正数时，半径在小海龟左侧，如图 2-4 所示；当值为负数时，半径在小海龟右侧。

(3)extent 参数：绘制弧形的角度(夹角)，当不设置参数或者参数设置为 None 时，绘制整个圆形。

3)方向控制函数

turtle 在绘制过程中，可以通过一组函数改变画笔的行进方向，从而绘制丰富的图像，常用的有 seth、left 和 right 函数。

格式：

```
from turtle import *
seth(angle)或 setheading(angle)        #改变前进方向
left(angle)                            #海龟左转
right(angle)                           #海龟右转
```

说明：

angle 参数：设置小海龟当前行进方向的角度，该值为整数值。我们可以参考空间角度坐标体系，也就是绕 x 轴逆时针角度从 0 度到 360 度，如图 2-5 所示。

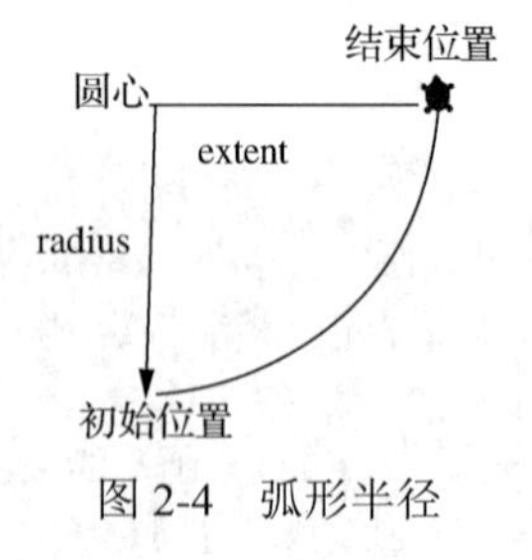

图 2-4　弧形半径

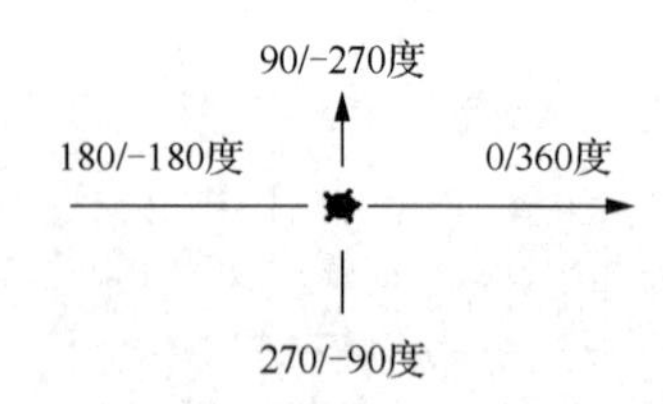

图 2-5　设置小海龟当前行进方向的角度

2.2　热身加油站——学习 turtle 绘图要领

案例 2-1　turtle 运动函数练习

(1)录入代码第 1～4 行，文件名保存为“案例 2-1.py”，运行观察结果。

(2)再次打开文件“案例 2-1.py”，追加代码第 5～8 行，运行观察结果。

(3)再次打开文件“案例 2-1.py”，追加代码第 9～10 行，运行观察结果。

(4)删除代码第 4、9 和 10 行观察运行结果。录入的代码如图 2-6 所示。

```
1.  import turtle as t          #导入模块turtle,并以t作为别名
2.  t.color("blue")             #设置画笔颜色为蓝色
3.  t.circle(50,360)            #绘制半径为50的圆
4.  t.penup()                   #绘制完毕，抬起画笔
5.  t.forward(200)              #设置画笔前进200
6.  t.color("red")              #设置画笔颜色为红色
7.  t.pensize(3)                #设置画笔粗细为3
8.  t.circle(100,360)           #绘制半径为100的圆
9.  t.pendown()                 #放下画笔
10. t.circle(100,360)           #绘制半径为100的圆
11. t.done()                    # 绘图结束后不自动关闭绘图窗口
```

图 2-6　用 turtle 绘制基本图案

问题解析：

(1)通过 turtle 绘制功能，绘制半径分别为 50 和 100 的两个独立圆，两圆之间的圆心距离为 200。

(2)pendown 函数：画笔落下移动时绘制图形。

(3)penup 函数：画笔抬起，移动时不绘制图形。

(4)circle 函数：指定圆形的弧形半径和旋转角度。

运行测试：运行结果如图 2-7 所示。

站点小记：如何让这只海龟在界面上“绘画”呢？如同我们用笔写字一样，需要用经过“落笔”“划过”“抬笔”“结束”的过程，turtle 则是通过 pendown、penup、circle 和 done 函数来完成。为了对比分析，绘制第二个圆修改了画笔的粗细，同时为了防止圆心重叠，需要画笔前进，forward 函数中的参数是画笔前进的距离。

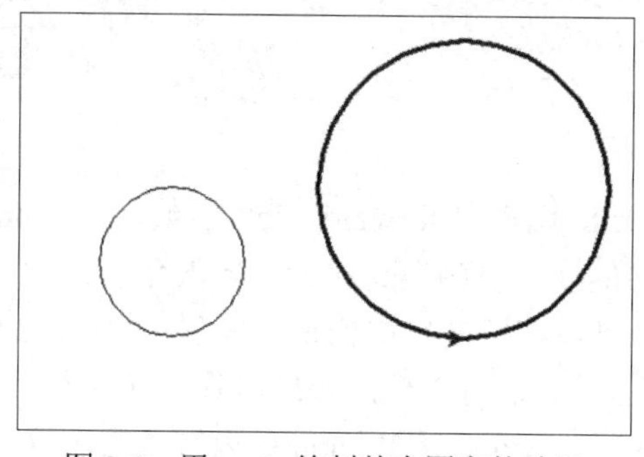

图 2-7　用 turtle 绘制基本图案的效果

案例 2-2 turtle 绘制图形

在案例 2-1 中，同学们理解了 turtle 绘图过程中画笔状态调整对绘图的影响，学会了如何正确使用画笔“画”。在接下来的案例 2-2 中，通过绘制一个边长为 100 的正方形，让画笔“转”起来，如图 2-8 所示。

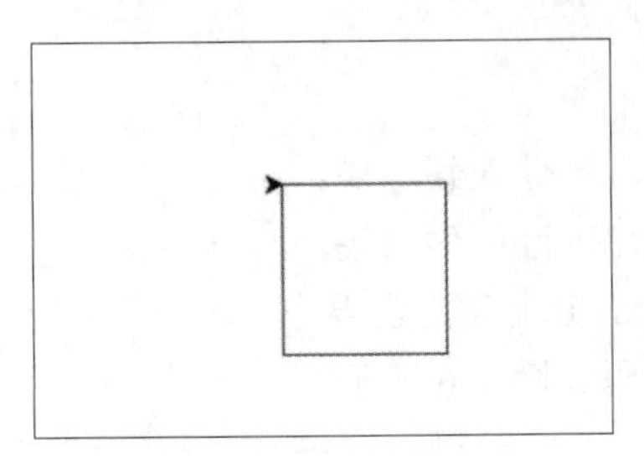

图 2-8 用 turtle 绘制正方形

问题解析：

(1) 在 turtle 模块中可以使用 forward 函数搭配 right 或者 left 函数绘制正方形。

(2) right 或 left 函数在绘制正方形中旋转的方向相反。

代码设计 1：

```
1. import turtle
2. turtle.color("blue")    #画笔颜色为蓝色
3. turtle.forward(100)     #画笔向右前进 100
4. turtle.left(90)         #画笔逆时针旋转 90 度
5. turtle.forward(100)     #画笔向上前进 100
6. turtle.left(90)         #画笔逆时针旋转 90 度
7. turtle.forward(100)     #画笔向左前进 100
8. turtle.left(90)         #画笔逆时针旋转 90 度
9. turtle.forward(100)     #画笔向下
10.turtle.left(90)         #画笔逆时针旋转 90 度，画笔方向回到程序运行前的初始方向
11.turtle.done()           #绘图结束后不自动关闭绘图窗口
```

问题解析：

代码第 3～8 行中，相同的语句重复执行 4 次，对于重复执行的语句，可以使用循环结构，让程序简洁、易读。

代码设计 2：

```
1. import turtle
2. turtle.color("blue")
3. for i in range(4):      #循环结构
4.     turtle.forward(100)
5.     turtle.left(90)
6. turtle.done
```

站点小记：

(1) 本例题中使用了 turtle 模块中 forward、left 函数，其中 forward 函数中的参数是画笔移动的距离，left 函数中的参数是画笔逆时针旋转的角度。

(2) 对于重复的动作，可以使用循环结构来完成(代码设计 2 中第 3～5 行)。循环结构在后面章节会详细学习，但是我们可以使用该结构让程序简洁、易读。

(3) 代码设计 2 中第 3 行的 range 是 Python 的内置函数，这里表示循环执行次数。

(4) 在 Python 中对于循环结构不使用括号来表示语句块，而靠冒号：(代码设计 2 中第 3 行) 和后面的缩进(空格缩进，代码设计 2 中 4～5 行) 来表示语句块。因此缩进成为语法

的一部分，要严格遵循。

案例 2-3　turtle 画笔控制练习

综合案例 2-1 和案例 2-2，通过 turtle 绘制 5 种不同颜色的圆，每画出一个圆后就往右移 50，效果如图 2-9 所示。

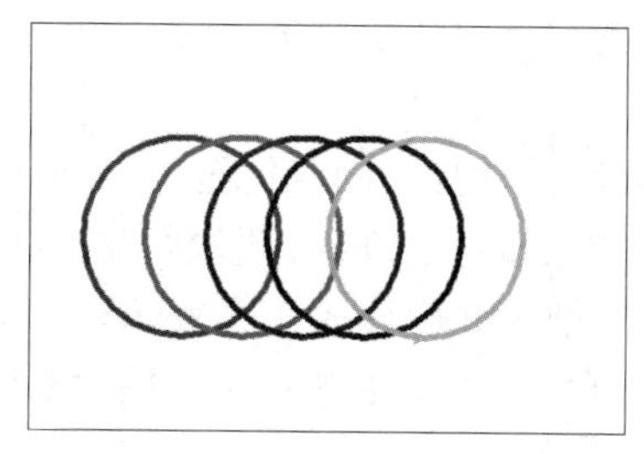

图 2-9　用 turtle 绘制五色圆环

彩图 2-9

问题解析：

(1) 本例题采用 circle 函数绘制圆。

(2) 对于重复的动作，使用循环结构完成。

(3) 程序运行结束，尝试删减程序中的 penup、pendown 等函数，验证画笔控制状态改变对绘图结果的影响。

代码设计：

```
1. import turtle as t
2. circle_colors=["red","green","blue","black","orange"]#使用列表记录颜色
3. t.pensize(5)                                   #设置画笔粗细
4. t.penup()
5. for i in range(len(circle_colors)):            #循环结构
6.     t.goto(-200+i*50,0)                        #向右平移 50
7.     t.pendown()
8.     t.color(circle_colors[i])
9.     t.circle(80,360)
10.    t.penup()
11.t.done()
```

站点小记：

(1) 为了绘制 5 种不同颜色的圆，可以使用一个列表变量 circle_colors 来记录 5 种不同的颜色(列表数据类型，将在第 6 章中具体学习)，在这里颜色以英语名称的方式指定。

(2) 有了 circle_colors 列表为基础，接着调用代码第 3 行 pensize 函数设置画笔粗细。

(3) 代码第 4 行 penup 函数的作用很重要，它可以在暂时不需要绘图时抬起画笔，让画笔在移动过程中不留轨迹；等真正需要绘图的时候再调用 pendown 函数把画笔落在画布上，如代码第 7 行所示。

(4) 参数 circle_colors 以列表为基础，在循环中，从颜色列表中逐一取出各种颜色，然后调用 len 函数获取 circle_colors 的长度，从而可以确定 range 的值。

(5) 绘图之前需要先调用代码第 6 行，通过 goto 函数让画笔右移 50，调用代码第 7 行落下画笔；而要绘制的颜色则是通过 i 这个索引变量找到对应的颜色，设置完成之后再调用代码第 9 行 circle(80,360) 来绘制一个半径为 80 的圆。

案例 2-4　turtle 绘制任意多边形

用户输入多边形的边数，绘制指定边数的多边形。

问题解析：

(1) 绘制多边形，涉及相同动作重复，因此优先考虑循环结构。

(2) 海龟绕一圈是 360 度，如果转弯 360 次，每次行进一段距离后就左转（或右转）1 度，那么留下来的轨迹就是圆；如果把 360 度分成 3 次来转弯，每次 120 度，得到的就是一个三角形。依次类推，把用户的回答存放在变量 n 中，每次要转弯的角度就是 360/n。

代码设计：

```
1. import turtle as t                      #导入模块 turtle,并以 t 作为别名
2. n=int(input("请问你要画几边形？"))       #交互函数
3. t.color("blue")                         #设置画笔颜色为蓝色
4. t.pensize(3)
5. for i in range(n):
6.     t.left(360//n)                      #两个除号表示整除
7.     t.forward(100)
8. t.goto(0,0)                             #回到起点
9. t.done()                                #绘图结束后不自动关闭绘图窗口
```

站点小记：基于案例 2-1～2-3 我们知道，调用 left、right 和 forward 函数，加上循环就可以绘制任意多边形。因此，在案例 2-4 中，让用户输入多边形的边数，然后绘制制定边数的多边形。为了防止 360/n 除不尽，图形最后没有封闭，在循环外加一个 goto(0,0) 回到起点，即可解决该问题。input 函数让用户可以画出自己需要的多边形。

案例 2-5　turtle 绘制太极图

阴阳太极是中华传统文化的代表之一，用 turtle 绘制太极图，如图 2-10 所示。

问题解析：

太极图的构造原理，它是由 4 个半圆和 2 个小圆组成的，所以只需要画半圆和圆，再进行填充就可以构造成一个简单的太极图，其画图原理可以参考图 2-11。

图 2-10　用 turtle 绘制太极图

图 2-11　用 turtle 绘制太极图的步骤

代码设计：

```
1. import turtle
2. mypen=turtle.turtle()   #导入画笔工具 turtle 并创建画笔
3. radius=100              #画第一个以半径为 radius/2，弧度为 180 的半圆，并开始填充
4. mypen.width(3)
5. mypen.color("black")
6. mypen.begin_fill()
7. mypen.circle(radius/2,180)
8. mypen.circle(radius,180)     #画第二个以半径为 radius，弧度为 180 的半圆
9. mypen.left(180)
10.mypen.circle(-radius/2,180) #画第三个以半径为-radius/2，弧度为 180 的半圆
11.mypen.end_fill()            #把以上三个半圆进行结束填充
12.mypen.left(90)              #画第一个以半径为 radius*0.15 的小圆并进行填充
13.mypen.up()
14.mypen.forward(radius*0.35)  #向前移动 radius*0.35，控制小圆与大圆的上下距离
15.mypen.right(90)
16.mypen.down()
17.mypen.color("white")
18.mypen.begin_fill()
19.mypen.circle(radius*0.15)
20.mypen.end_fill()
21.mypen.left(90)              #画第二个以半径为 radius*0.15 的小圆并进行填充
22.mypen.up()
23.mypen.backward(radius*0.7)
24.mypen.down()
25.mypen.left(90)
26.mypen.color("black")
27.mypen.begin_fill()
28.mypen.circle(radius*0.15)
29.mypen.end_fill()
30.mypen.right(90)             #画第四个以半径为 radius，弧度为 180 的半圆
31.mypen.up()
32.mypen.backward(radius*0.65)
33.mypen.right(90)
34.mypen.down()
35.mypen.circle(radius,180)
36.mypen.ht()                  #隐藏画笔
```

站点小记：分解复杂图形，找出图形之间内含的数学关系，以便提早规划海龟移动的方向和角度。第二个以半径为 radius*0.15 的小圆并进行填充，之所以选择 0.15 倍，是因为这样嵌入的小圆直径和外圆直径接近黄金分割。调用填充函数 begin_fill 函数和 end_fill 函数，对绘制图案填充。

2.3 冲关任务——turtle 绘图的实践

任务 2-1 韩梅学习了 turtle 基本绘图原理，尝试绘制如图 2-12 的 4 个不同半径内切圆。

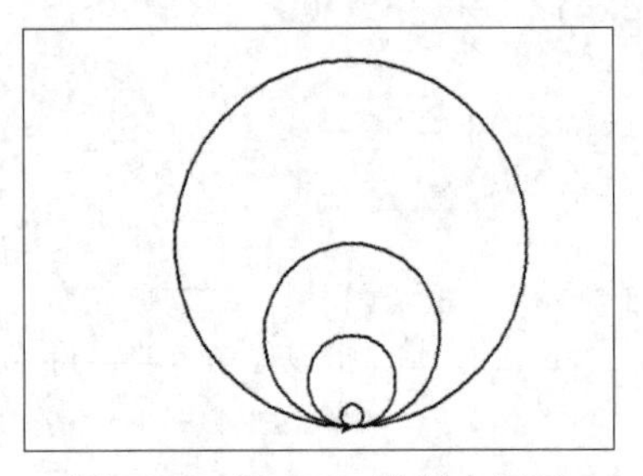

图 2-12 用 turtle 绘制内切圆

提示：建议用 for 循环结构完成绘图。

任务 2-2 李雷用 turtle 绘制如图 2-13 所示的一个红色五角星图案。

彩图 2-13

图 2-13 用 turtle 绘制红色五角星

提示：每次的方向调整度数为 144。

任务 2-3　韩梅用 turtle 绘制出如图 2-14 所示的彩色同心圆。

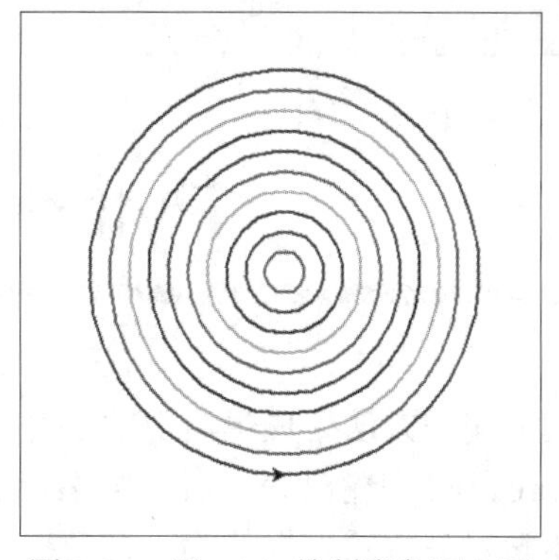

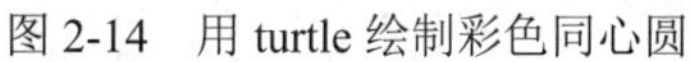

图 2-14　用 turtle 绘制彩色同心圆　　彩图 2-14

提示：与内切圆相比，同心圆每次绘制新的圆都需要根据圆的半径调整开始位置。

2.4　关 卡 任 务

李雷和韩梅通过几轮挑战(PK)，都能顺利地绘制出自己喜欢的图形，现在他们合作绘制并填充爱心图案，如图 2-15 所示。

图 2-15　用 turtle 绘制红色爱心图案　　彩图 2-15

绘制爱心图案同样需要对图形做分步处理，这个程序可以分成两步：

(1) 前后两个循环的作用是用来绘制爱心上方的两个半圆，其他的部分则是用直接连接的方式绘制而成。

(2) 绘图操作开始前，先调用 begin_fill 函数，绘制完成后调用 end_fill 函数执行填充操作。

第3章 Python编程大揭秘

李雷和韩梅利用学习的基本编程方法处理生活中的各种问题，每一个问题均需要完成数据输入(input)、数据处理(process)和输出处理后的结果(output)三步操作。

完成上述任务，他们需要学习基本的数据的输入、数据处理和数据输出的相关操作；在热身加油站补充能量，观察并分析各个案例程序，思考其中的代码规则及实现逻辑；在冲关任务中完成基本的编程操作；最后完成关卡任务。

3.1 冲关知识准备——输入/输出和基本数据类型

3.1.1 数据的输入/输出

1) input()

数据输入是问题求解所需数据的获取，是一个程序的开始。程序要处理的数据有多种来源，可以用函数、文件等完成输入，也可以用控制台交互式输入的数据，例如用户可以用 input 函数录入信息。

格式：

```
input([提示性文字])        #将用户输入的内容作为字符串形式返回
```

说明：

(1)“提示性文字”参数：是提示信息，可以省略。

(2) input 函数是从 Shell 交互窗口获得用户的输入，无论用户输入什么内容，input 函数都以字符串类型返回结果。

2) eval()

input 函数返回值的类型为字符型，而在程序处理中，有时候需要输入数值型数据信息，eval 函数经常和 input 函数一起使用，用来获取用户输入的数字。

格式：

```
eval(<字符串表达式>)
变量=eval(input([提示性的文字])
```

说明：

(1) eval 函数将参数中的字符串去掉左右两端的定界符，将其转换成一个有效的表达式并执行它，返回这个表达式的值。该函数使用非常灵活，我们可以在实践中不断挖掘其功能。

(2)用 input 函数输入时，给变量赋值用 eval 函数先去掉定界符，将输入信息转换成需要的形式。例如，num1=eval(input("请输入第一个数：")), 当用户输入 100，该数值就会赋值给数值型变量 num1。

3) print()

程序执行完毕，需要将处理的最后结果输出，print 函数常用于输出运算结果。

格式：

```
print([输出字符串或变量])
print([变量 1],[变量 2,…,变量 n][,sep=分隔符][,end=结束符])
```

说明：

(1)当有多个输出项时，各输出项之间用逗号分隔。

(2)sep 参数：用于指定各输出项之间的分隔符，默认值为空格。

(3)end 参数：用于指定结束符，默认值为换行符。

3.1.2　基本数据类型

1) 常量

常量在程序执行过程中，其值固定不变的量。对于常量，要求符合两个条件：

(1)命名全部为大写。

(2)值一旦被绑定便不可再修改。

很多高级编程语言都提供了定义常量的方法，常量一旦被定义，就无法再修改，这样做的意义在于防止其他人修改一些关键参数和配置。

Python 没有提供定义常量的关键字，一般通过约定用变量名全大写的形式表示一个常量。然而这种方式并没有真正实现常量，其对应的值仍然可以被改变。后来，Python 通过自定义类实现常量的定义，具体内容可以查阅 Python 类相关文档。

2) 变量

变量在程序执行过程中其值可以变化的量，核心是“变”与“量”二字，变即变化，量即衡量状态。程序执行的本质就是一系列状态的变化，便是程序执行的直接体现，所以我们需要有一种机制能够反映或者说是保存下来程序执行时状态以及状态的变化。

Python 的变量不需要特别的声明，数据类型是 Python 自动决定的，可以直接输入。

格式 1：

```
变量名=表达式
```

格式 2：

```
变量 op=表达式
```

格式 3：

```
变量 1=变量 2=…=变量 n=表达式
```

格式 4：

```
变量 1,变量 2,…,变量 n=表达式 1,表达式 2,…,表达式 n
```

说明：

(1)完整的变量定义需要包括变量名、等号、变量值。

(2)格式 1：将赋值号(=)右边表达式的值赋值给左边的变量。变量名遵循 Python 标识符的命名规则。

(3)格式 2：等同于变量=变量 op(表达式)，其中 op 可以是一个算术运算符或位运算符，它与赋值运算符(=)一起构成了复合赋值运算符。

(4)格式 3：将表达式的值分别赋值给变量 1 到变量 n。

(5)格式 4：按顺序依次将表达式 1 的值赋值给变量 1，将表达式 2 的值赋值给变量 2…将表达式 n 的值赋值给变量 n。

3)数字类型

Python 的数据类型包括数字(number)类型、字符串(string)类型、列表(list)类型、元组(tuple)类型、集合(set)类型和字典(dictionary)类型等。

数字类型是 Python 的基本数据类型，包含整数型(int)、浮点数型(float)、复数型(complex)三种，具体如表 3-1 所示。

表 3-1 Python 基本数字类型

数字类型	整数型	1010，88，−217，0x9a，−0x89，0o1010，…
	浮点数型	3.14，8.7e3，4.3e−3,9.6E5，…
	复数型	12.3+7j，−6.7+4j，…
运算类型	数值运算操作符	x+y，x−y，x*y，x/y，x//y，x**y，x%y，…
	数值运算函数	len(x)，str(x)，chr(x)，ord(x)，oct(x)，…

在数值运算中，除了直接使用运算符的简单运算，还有如对数、正弦、余弦等初等函数的各种运算，这些函数在标准库的 math 模块中提供。

Python 标准库是随 Python 附带安装的，包含很多常用的模块，如 turtle 模块、math 模块等，math 就是标准库中的模块之一，提供了基本数学函数。与第 2 章介绍的 turtle 模块相同，使用时首先需使用 import 语句将 math 模块导入。需要注意的是，math 模块不支持复数类型，仅支持整数和浮点数运算，共提供了 4 个数字常量和 44 个函数，详细内容可参见官方文档 docs.python.org。

4)字符串类型

字符串是 Python 的基本数据类型之一，也是在程序中使用比较多的数据类型。字符串是字符的序列表示，根据字符串的内容多少分为单行字符串和多行字符串。单行字符串可以用单引号(' ')，双引号(" ")来定义，而多行字符使用的是三引号(''')来定义。

格式：

```
'abc'  '123'  'ABC'  'ha"pp"y'      #一对单引号定义的字符串
"abc"  "123"  "ABC"                 #一对双引号定义的字符串
'''                                 #一对三引号定义的多行字符串
Hello!
"hi!"
'nice to meet you'
'''
```

说明：

(1) 引号内的字符是区分大小写的，"ABC"和"abc"是不同的字符串。

(2) 不包含任何字符的字符串如" "，" "叫空字符串，空格也是一个字符。

(3) 三个引号能包围多行字符串，这种字符串也常用来作为注释。

(4) 当使用单引号时，双引号可以作为字符串的一部分；使用双引号时，单引号可以作为字符串的一部分。例如：'ha"pp"y'、"py'th'on"等。

对于字符串的操作，参见表 3-2，详细内容请参考官方文档。

表 3-2　常用字符串操作

字符串类型	索引	<字符串或字符串变量>[序号]
	切片	<字符串或字符串变量>[N:M]
	格式化	<模板字符串>.format(<逗号分隔的参数>)
	字符串操作符	x+y，x*n，x in s，…
	字符串处理函数	len(x)，str(x)，chr(x)，ord(x)，hex(x)，…
	字符串处理方法	lower()，upper()，split()，replace()，…
类型判断和类型间的转换		type()，int()，float()，str()，…

3.2　热身加油站——理解程序中的输入/输出

案例 3-1　代码中的计算与输出

在 Shell 交互窗口输入下面的语句，并在横线上填写代码运行结果。

```
>>> a=100
>>> b=c=120
>>> a,b=b,a
>>> print(a,b,c)
执行上面的语句后，显示结果为________________

>>> a,b=100,200
>>> a+=10
>>> b*=b+10
>>> print("a+b=",a+b)
执行上面的语句后，显示结果为________________

>>> x=15
>>> y=12
>>> x,y=y,x+y
>>> z=x+y
>>> print(x,y,z)
执行上面的语句后，显示结果为________________
```

问题解析：

(1) 链式赋值语句：b = c = 120 是将 120 同时赋值给 a、b。

(2) 同步赋值语句：a,b=b,a 完成了 a、b 值的交换，同样 x,y=y,x+y 完成了 x=y,y=x+y 的同步赋值。

(3) 增量赋值语句：a+=10 相当于 a=a+10，同样 b*=b+10 相当于 b=b* (b+10)。常见的复合赋值运算符还有<<=(左移赋值)、>>=(右移赋值)、&=(按位与赋值)、|=(按位或赋值)、^=(按位异或赋值)……。详细内容可参考官方文档。

站点小记：变量的三种赋值方式在代码编写中经常被使用，尤其是链式赋值和同步赋值可以简化代码。

案例 3-2 内置数学函数的使用

在 Shell 交互窗口输入下面的语句，并在横线上填写代码运行结果。

```
>>> x=5
>>> y=3
>>> 10+5**-1*abs(x-y)                    #显示结果为__________
>>> 5**(1/3)/(x+y)                       #显示结果为__________
>>> divmod(x,y)                          #显示结果为__________
>>> int(pow(x,x/y))                      #显示结果为__________
>>> divmod(x,y)                          #显示结果为__________
>>> round(pow(x,x/y),4)                  #显示结果为__________
>>> sum(range(0,10,2))                   #显示结果为__________
>>> 100//y%x                             #显示结果为__________
>>> x>y and x%2==0 and y%2==1            #显示结果为__________
>>> print(x*2,x**2)                      #显示结果为__________
>>> print(-x**2,(-x)**2)                 #显示结果为__________
>>> print(x/2,x%2,x//2)                  #显示结果为__________
>>> print(10//3,10//3,10//-3,-10//-3     #显示结果为__________
>>> print(10%3,-10%3,10%-3,-10%-3)       #显示结果为__________
```

问题解析：

(1) 正确书写表达式，Python 运算表达式中的乘号不能省略，如数学表达式“c=ax+by”的正确表达方法为“c=a*x+b*y”。

(2) 运算符：“**”“%”“//”分别表示指数、取模和整除。

(3) 表达式中只能通过小括号“( )”来改变运算顺序，不支持大括号“{ }”和中括号“[ ]”。

(4) 在一个表达式中出现多个运算符的时候，要注意运算符的优先级顺序，算术运算符中优先级最高的是“**”，其次是正(+)，负(-)号，再次是“*”“/”“%”“//”，优先级最低的是加(+)、减(-)。

(5) Python 中的整除运算是在除法的结果向下取整，即取得不大于其商的最大整数。

(6) Python 的%运算中，模运算的结果 r 的计算规则为 r=x%y=x-(x//y)*y。

站点小记：表达式的正确应用是编程的第一个难点，是对生活问题做数学求解的一个思路转换过程，取模“%”和整除“//”运算的表达式可以帮助我们求解“进制转换”“求素数”等很多非常有趣的数学问题。

案例 3-3　模块中函数的使用

在 Shell 交互窗口输入下面的语句，测试 math 模块中常见函数的功能，并在横线上填写代码运行结果。

```
>>> import math
>>> math.exp(1)              #返回 e 的 x 次幂，显示结果为________
>>> math.fmod(9,4)           #返回 x/y 的余数，显示结果为________
>>> math.sqrt(9)             #返回数字 x 的平方根，显示结果为________
>>> math.ceil(5.9)           #对 x 向上取整，显示结果为________
>>> math.floor(5.9)          #对 x 向下取整，显示结果为________
>>> a=math.radians(45)       #将角度转换成弧度，显示结果为________
>>> b=math.radians(30)       #将角度转换成弧度，显示结果为________
>>> math.sin(a)              #返回 a 的正弦值，显示结果为________
>>> math.cos(b)              #返回 b 的余弦值，显示结果为________
```

问题解析：

(1) math 模块中每一个函数的应用需要注意三点：函数名、参数、函数的运行结果。

(2) 关注函数的参数个数，以及函数的返回值。

站点小记： 函数表现为对参数的特定运算，因此掌握函数参数的含义，对参数的正确赋值是使用函数的前提。如 fmod 函数第一个参数代表除数，第二个参数代表被除数。

案例 3-4　数学运算符的使用

自动换币机现需要给用户配置换币方案，假设换币机里只有 50 元、5 元和 1 元的人民币若干张。用户输入一个整数金额值，换币机给出换币的方案。假设货币足够多，且优先使用面额大的钱币。

问题解析：

(1) 本例题需要应用表达式，完成货币的等值置换方案。

(2) 表达式“money//50”求解 50 元面额需要的张数，表达式“money%50”求解用完 50 元面值的货币后剩下的金额。

代码设计：

```
1. money=eval(input("请输入换币金额："))      #输入整数金额
2. m_50=money//50                             #50 元面额需要的张数
3. money=money%50                             #使用 50 元面值后剩下的钱的金额
4. m_5=money//5
5. money=money%5
6. m_1=money
7. print("50 元面额需要的张数：",m_50)
8. print("5 元面额需要的张数：",m_5)
9. print("1 元面额需要的张数：",m_1)
```

运行测试：Shell 交互窗口中的运行结果如下。

```
>>>
==============RESTART:D:\案例 3-4.py==============
请输入换币金额：355
50 元面额需要的张数： 7
5 元面额需要的张数： 1
1 元面额需要的张数： 0
```

站点小记：表达式“money//50”“money%50”在完成“生活问题”转换成“计算机为中心求解的问题”中扮演着重要的角色，是生活数据信息有意义的翻译和转换，是进一步数据处理的前提，是语言编写的难点和重点。

案例 3-5 变量赋值的三种方法

三个整数变量 num1、num2 和 num3，数值分别为 1、2、3。移动交换后，三个变量的数值分别为 2、3、1。

问题解析：

(1)练习变量赋值的基本方法。

(2)Python 语言支持对两个变量直接交换数值的两两互换赋值方式，因此可以多次采取数值互换实现所需要求。

代码设计 1：

```
1. num1,num2,num3=1,2,3
2. num1,num2=num2,num1
3. num2,num3=num3,num2
4. print('num1='+str(num1)+',num2='+str(num2)+',num3='+str(num3))
```

运行测试：Shell 交互窗口中的运行结果如下。

```
>>>
==============RESTART:D:\案例 3-5-1.py==============
num1=2,num2=3,num3=1
```

站点小记：交换过程分为两步，先进行前两个数值的交换，然后再进行后两个数值的交换。这些交换过程要根据实际要求来做出选择，比如移动交换后，三个变量的数值分别为 3、1、2。

代码设计 2：

```
1. num1,num2,num3=1,2,3
2. num1,num3=num3,num1
3. num2,num3=num3,num2
4. print('num1='+str(num1)+',num2='+str(num2)+',num3='+str(num3))
```

运行测试：Shell 交互窗口中的运行结果如下。

```
>>>
==============RESTART:D:\案例 3-5-2.py==============
num1=3,num2=1,num3=2
```

站点小记：代码第 2、3 行中使用的两两交换法简洁、方便，但是对于复杂的数据信息中，也会有其局限性。因此，利用中间变量方法来替换两两互换的数值交换方法，也是复杂数据结构中常用的方法之一。

代码设计 3：

```
1. num1,num2,num3=1,2,3
2. temp=num1
3. num1=num2
4. num2=num3
5. num3=temp
6. print('num1='+str(num1)+',num2='+str(num2)+',num3='+str(num3))
```

运行测试：Shell 交互窗口中的运行结果如下。

```
>>>
==============RESTART:D:\案例 3-5-3.py==============
num1=2,num2=3,num3=1
```

站点小记：该方法并没有改变交换思路，只是利用中间变量方法来替换两两直接互换的数值交换方法如代码第 2～4 行所示，请注意交换的次序和逻辑。

案例 3-6 字符串切片

在 Shell 交互窗口输入下面的语句，并在横线上填写代码运行结果。

```
>>> x="Hello Mike"
>>> print(x)                            #显示结果为________________
>>> print(x[0],x[-1],x[8],x[-2])        #显示结果为________________
>>> print(x[0:5],x[6:-1])               #显示结果为________________
>>> print(x[:5],x[6:])                  #显示结果为________________
>>> print(x[:])                         #显示结果为________________
>>> print(x[0:5:1],x[0:6:2])            #显示结果为________________
>>> print(x[0:6:-1])                    #显示结果为________________
>>> print(x[4:0:-1],x[::-3])            #显示结果为________________
>>> print(x[::-1])                      #显示结果为________________
```

问题解析：

(1) Python 中字符串也提供区间访问方式，即[头下标:尾下标]的方式，这种访问方式称为“切片”。

(2) 切片方式中，若头下标缺省，则表示从开始取子串；若尾下标缺省，则表示取到最后一个字符；若头下标和尾下标均缺省，则取整个字符串。

(3) 字符串切片还可以设置取子串的顺序，格式为[头下标:尾下标:步长]。

(4) 当步长值大于 0 时，表示从左向右取字符；当步长值小于 0 时，表示从右向左取字符。

(5) s[0:6:−1]反向取，但是头下标小于尾下标无法反向取，因此输出为空。

站点小记：用户使用字符的切片操作，可以非常灵活地提取字符串中的部分信息，方法巧妙。要注意提取方向和提取下标的起止位置。

案例 3-7　字符串的“包含”判断

编写程序代码，运行后有如下结果：

```
>>>
==============RESTART:D:\案例 3-7.py==============
a+b 输出结果：HelloPython
a*2 输出结果：HelloHello
a[1]输出结果：e
a[1:4]输出结果：ell
H 在变量 a 中
M 不在变量 a 中
\n
\n
```

问题解析：

(1) 在程序方式下，根据输出结果，有序的编写代码，实现运行结果。

(2) 代码的先后顺序与运行结果一一对应。

代码设计：

```
1. a="Hello"
2. b="Python"
3. print("a+b 输出结果：",a+b)
4. print("a*2 输出结果：",a*2)
5. print("a[1]输出结果：",a[1])
6. print("a[1:4]输出结果：",a[1:4])
7. if( "H" in a):
8.     print("H 在变量 a 中")
9. else:
10.    print("H 不在变量 a 中")
11.if( "M" not in a):
12.    print("M 不在变量 a 中")
13.else:
14.    print("M 在变量 a 中")
15.print(r'\n')    #r 代表原始字符串标识符,用 r' '表示' '内部的字符串默认不转义
16.print(r'\n')
```

站点小记：if…else 是程序选择结构，将在第 4 章学习。该分支结构的特点就是根据 if 后的条件作出判断(第 7 行)，如果满足条件输出 if 条件后的语句(第 8 行)，不满足条件则输出 else 后面的语句(第 10 行)。

案例 3-8　三角函数图案绘制

使用 turtle 绘制 sin 和 cos 函数图形，如图 3-1 所示。

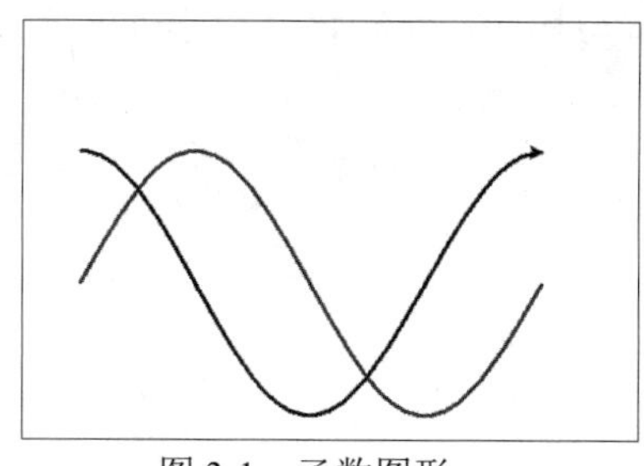

图 3-1　函数图形

问题解析：

(1) Python 中的数学函数基本都收集在 math 模块中，其中 math.pi 是三角函数中常见的圆周率 π。

(2) math 模块中的 sin 和 cos 对应三角函数中的正弦函数和余弦函数，函数的参数为弧度值，需要用表达式将角度转换成弧度。

代码设计：

```
1. import math
2. import turtle as t
3. t.speed(8)
4. t.pensize(3)
5. t.penup()
6. t.goto(-200,0)
7. t.color("red")
8. t.pendown()
9. for d in range(0,361,5):
10.    t.goto(d-200,100*math.sin(d*math.pi/180))
11.t.penup()
12.t.goto(-200,100)
13.t.color("blue")
14.t.pendown()
15.for d in range(0,361,5):
16.    t.goto(d-200,100*math.cos(d*math.pi/180))
17.t.done
```

站点小记：函数 range(0,363,5) 的功能是产生一个 0,5,15,20,25,⋯,355,360 的数据系列，数列中的每一个数值除了是要前进的 d 值之外，还要用于计算 sin 和 cos 函数的角度。特别注意，因为 sin 函数和 cos 函数的参数是弧度，因此需要用表达式 d*math.pi/180 将角度转换成弧度。

案例 3-9　数学函数的图形化输出

圆的表示法中，有一种是通过三角函数来表示的极坐标表示法，它的公式如下：

$$\begin{cases} x = r\cos\theta \\ y = r\sin\theta \end{cases}$$

其中，r 是半径；θ 是角度。编写程序，绘制该圆，即将该公式的结果用图形方式输出，如图 3-2 所示。

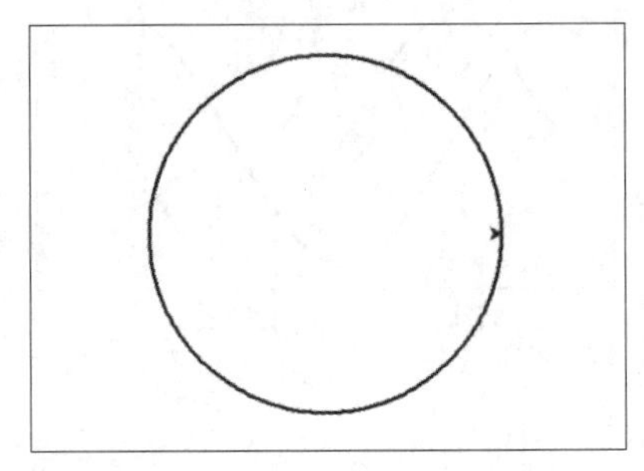

图 3-2 用三角函数绘制的圆形

问题解析：

(1)通过 sin 和 cos 函数计算坐标值。

(2)将角度从 0 度到 360 度全部代入计算一遍，将计算所得的所有坐标值串在一起就绘制出一个圆。

代码设计：

```
1. import math
2. import turtle as t
3. t.speed(8)
4. t.pensize(3)
5. t.penup()
6. t.goto(150,0)
7. t.color("red")
8. t.pendown()
9. for d in range(0,361,2):
10.     x=150*math.cos(d*math.pi/180)
11.     y=150*math.sin(d*math.pi/180)
12.     t.goto(x,y)
13.t.done
```

站点小记：该例题中，把角度的值乘以任意不同的数值组合，可以得到一些特别的图形。例如，x=150*math.cos(1*d*math.pi/180)，y=150*math.sin(2*d*math.pi/180)，可以得到李沙育图形，如图 3-3 所示。

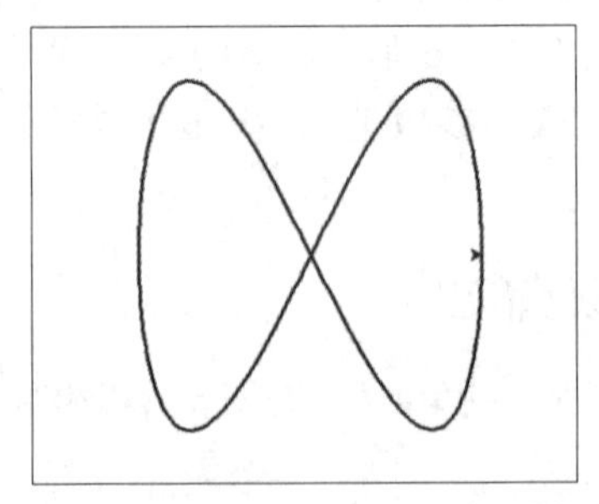

图 3-3 用 turtle 绘制的李沙育图形

3.3 冲关任务——输入/输出模式下的程序设计

任务 3-1 李雷要完成一个简单的数学计算程序，由用户输入任意两个整数，求这两个数的和以及平均值并输出。

提示：input 函数录入的数据类型为字符型。

任务 3-2 韩梅要完成一个简单的排序程序，让用户输入三个整数 x、y、z，然后把这三个数按照由小到大的顺序输出。

提示：用一个变量来存储最小值，三个数进行比较后两两交换。比较需要使用到选择结构 if 语句。

任务 3-3 李雷要完成一个简单的星期信息查询程序，让用户输入 1～7 的整数，输出对应的星期信息。

提示：提前定义好有关星期的信息的字符串常量是关键，如 week=“星期一星期二星期三星期四星期五星期六星期日”。

任务 3-4 老师让韩梅复习本章内容，在 Shell 交互窗口中输入语句分别实现下面功能：

(1) 显示十进制数 100 对应的八进制、十六进制。

(2) 将 123.45 以科学计数法显示。

(3) 对浮点数 123.45，分别获取和输出其中的整数 123 和小数 0.45。

(4) 分别使用 int 函数和 floor 函数，对浮点数 123.456 实现个位数的四舍五入。

(5) 用 format 函数格式化数据：

① 将字符串常量“Python”格式设置为宽度 20，居中对齐，“*”填充；
② 将数值型常量“3.1415926”输出结果保留 2 位小数；
③ 将数值型常量“35”的设置为宽度为 5，右对齐，“@”填充，整数形式输出。
(6) 有字符串常量“I am 10 years old”：
① 判断字符串是否全部为大写；
② 测试字符串的长度，删除其中空格，再次测试字符串长度；
③ 判断字符串中是否有数字；是否全部为字母。

3.4 关卡任务

李雷和韩梅在数学上学习了一些有趣的函数，比如 “心脏线”函数，它的方程组如下：

$$\begin{cases} x(\theta) = 2r\left(\cos\theta - \dfrac{1}{2}\cos 2\theta\right) \\ y(\theta) = 2r\left(\sin\theta - \dfrac{1}{2}\sin 2\theta\right) \end{cases}$$

参考图 3-4 使用 turtle 绘制出该图形。

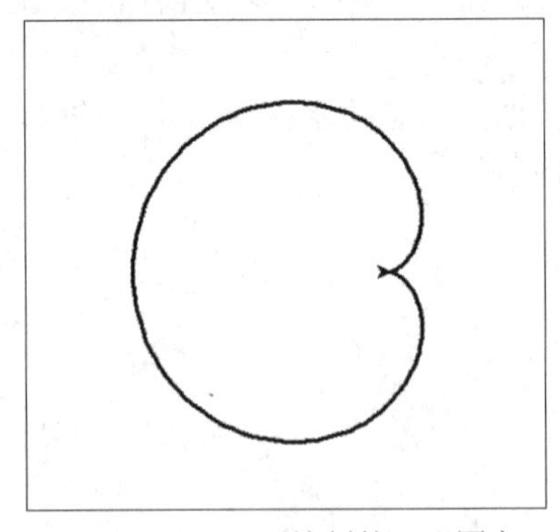

图 3-4 用 turtle 绘制的心形图案

第4章 按部就班和选择

社区要在指定时间内向12岁以上居民发放三种消费券，李雷和韩梅设计交互程序帮助社区工作人员筛选出领取消费券的适龄人群，告知他们领取日期、预约领取时间，并让他们选择领取的消费券类型，便于社区工作人员统计发放。

完成上述任务，他们需要学习顺序结构、分支结构、关系运算、逻辑运算以及条件表达式等相关知识；在热身加油站补充能量，观察并分析各个案例程序，思考其中的代码逻辑；然后在冲关任务中熟悉基础应用；最后完成关卡任务。

4.1 冲关知识准备——顺序和分支结构使用规则

1. 按部就班的顺序结构

按语句出现先后顺序执行的程序结构为顺序结构，需按部就班地先执行第1条语句，再执行第2条语句……最后执行第n条语句，基本语句格式如下所示。

格式：

```
语句 1
语句 2
…
语句 n
```

说明：

结合流程图理解计算机是如何执行顺序结构(图4-1以简单的赋值、计算、输出操作为例)。

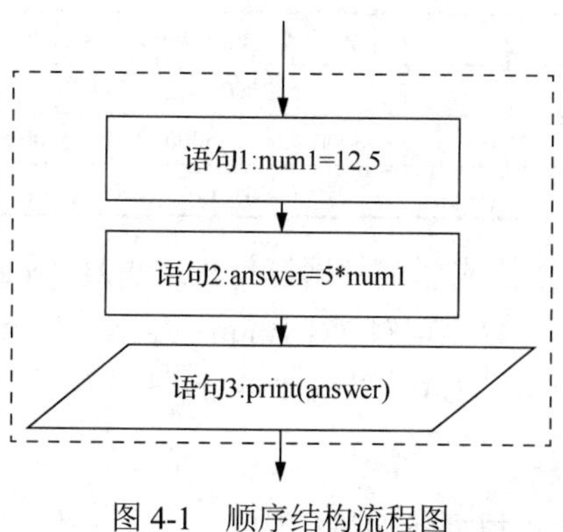

图4-1 顺序结构流程图

2. 关系运算符

关系运算符用于操作数比较，比较的结果用逻辑值 True/False 表示，常见的关系运算符有==、!=、＞=、＞、＜=、＜、is、is not、in。

说明：

使用关系运算符的前提是，各操作数之间可以进行比较。其中整数、浮点数、复数类型的数值类型数据之间可进行比较，字符串类型数据之间按 Unicode 编码依次比较每个字符的大小。Python 不支持字符串类型与数值类型数据直接比较大小，但可以判断是否相等。对不同类型数据进行类型转换，转换为同类型数据后再进行比较。表 4-1 列举了 Python 语言中常用的关系运算符及其计算规则。

表 4-1 常用的关系运算符

运算符	含义	表达式示例（当 a=3，b="3"时）	表达式结果
= =	等于	a= =3.0	True
		a= =b	False
!=	不等于	b!=5	True
＞	大于	"10"＞"ABC"	False
＜	小于	"abc"＜"ABC"	False
＞=	大于等于	10＞=a＞=1	True
＜=	小于等于	a＜=0	False
is	相同，同一性	3 is 3.0	False
is not	不相同	"3" is not 5	True
in	包含	"3" in "346"	True

3. 逻辑运算符

逻辑运算符用于数据或表达式之间的逻辑运算，结果用 True/False 表示，常见的逻辑运算符有 not、and、or。

说明：

（1）not、and、or 的优先级别依次降低，表 4-2 列举了 Python 中常用的逻辑运算符及其计算规则。

表 4-2 常用的逻辑运算符

逻辑运算符	含义	表达式示例（当 a = 4500，b = 6000 时）	表达式结果
not	逻辑非	not (3000＜=a＜=5000)	False
and	逻辑与（且）	3000＜=a＜=5000 and b＞5000	True
or	逻辑或	a＜0 or b＞10000	False

（2）在 Python 中，非 0 数值或非空数据等价于逻辑真 True（非 0 非空即真），0 或空类型等价于逻辑假 False；在参与数值运算时 Python 会自动把 True 转换成数字 1，False 转换成数字 0。因此有 1 and 0 的结果为 0、True or 4 and 3 的结果为 True。

4. 单分支结构

Python 程序可使用 if 语句根据条件进行判断，如果条件表达式的值为真，那么就执行相应的语句序列，这样的程序控制结构称为单分支结构，2 种基本语句格式如下所示。

格式 1：

```
if <条件>:
    <语句块>
```

格式 2：

```
if <条件>: <语句块>
```

说明：

(1) 语句功能：当条件表达式为真时执行语句块，条件表达式后需紧跟英文半角冒号。

(2) 格式 2 中单行语句块不用换行缩进。

(3) 单分支结构流程图如图 4-2 所示。

5. 非 A 即 B 的双分支结构 if…else

根据条件表达式的结果选择执行语句块 1 或语句块 2 的程序控制结构称为双分支结构（又称两路分支结构或二分支结构）。Python 使用 if…else 语句来描述双分支结构，3 种语句格式如下所示。

格式 1：

```
if <条件>:
    <语句 1>
else:
    <语句 2>
```

格式 2：

```
if <条件>: <语句 1>
else: <语句 2>
```

格式 3：

```
<语句 1> if <条件> else <语句 2>
```

说明：

(1) 若条件表达式为真，则执行语句 1，否则执行语句 2。

(2) 双分支结构流程图如图 4-3 所示。

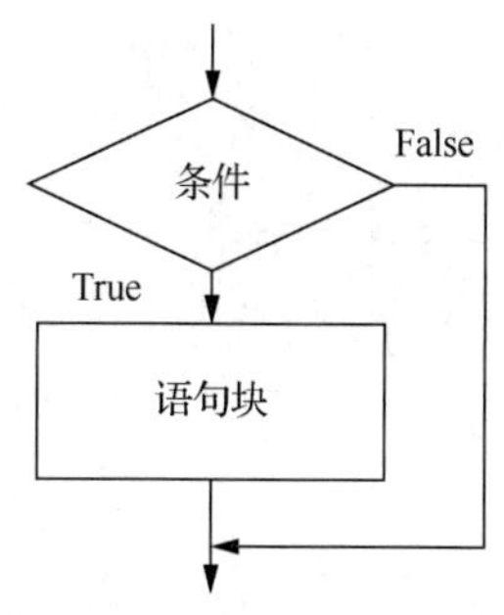

图 4-2　单分支结构流程图

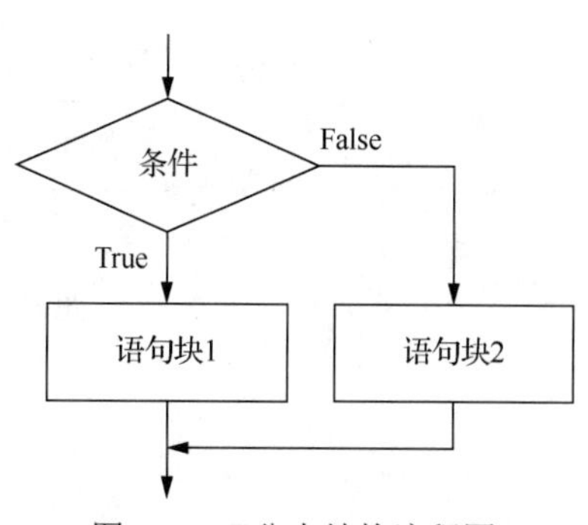

图 4-3　双分支结构流程图

6. 万里挑一的多分支结构 if…elif…else

当且仅当多个条件中的某个条件成立时，才执行相对应的语句块，此种结构称为多分支结构。

格式：

```
if <条件 1>:
    <语句块 1>
elif <条件 2>:
    <语句块 2>
    …
elif <条件 n>:
    <语句块 n>
else:
    <语句块 n+1>
```

说明：

(1)若条件 1 为真则执行语句块 1，否则判断条件 2 是否为真。若条件 2 为真则执行语句块 2，否则依次判断后续条件，直到某个条件为真，就执行该条件下的对应语句块，并结束整个多分支结构。最后的 else 语句表示当之前的 n 个条件皆不为真时，执行 else 对应的语句块 n+1。

(2)多个条件表达式是互斥的，如果满足了其中一个条件，就不会判断(执行)后续的其他条件了。整个多分支结构有且仅有一个语句块会被执行，即多选一。

(3)多分支结构流程图如图 4-4 所示。

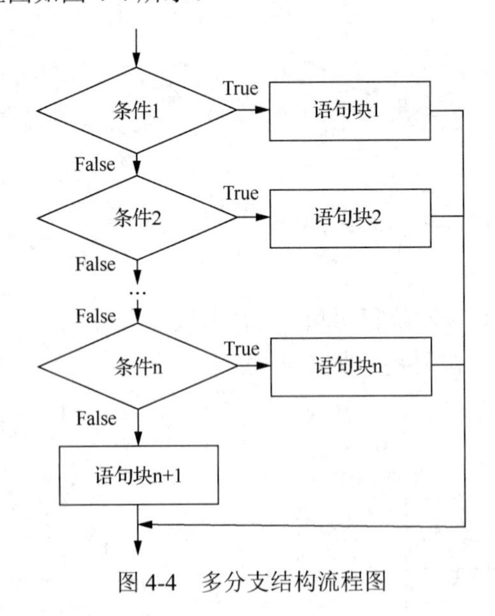

图 4-4　多分支结构流程图

4.2　热身加油站——生活中常用的顺序与分支流程

案例 4-1　利息计算

银行提供了整存整取定期储蓄业务，其存期为一年、两年、三年期，年利率依次为 1.25%、2.25%、2.7%。编写一个程序，输入存入的本金数额，依次计算并输出存期为一年、两年、三年期到期一次性支取时的银行应付本息金额(不计利息税)。

问题解析：

(1)本例题需要用户输入本金数额，经过计算处理后输出三个存期的本息金额。

(2)存款利息均以单利计算，计算方法为：本息和=本金+本金×利率×年。

(3)使用顺序结构即可完成，利息计算处理流程图如图 4-5 所示。

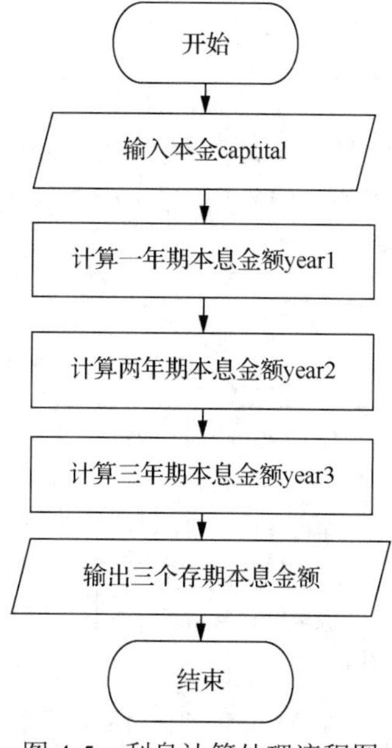

图 4-5　利息计算处理流程图

代码设计：

```
1. print("整存整取利率一年期为 1.75%,两年期为 2.25%,三年期为 2.75%")
2. capital=eval(input("请输入存款金额(元): "))
3. year1=capital*(1+0.0175)
4. year2=capital*(1+0.0225*2)
5. year3=capital*(1+0.0275*3)
6. print("应付本息一年期: {:.2f}元; 两年期: {:.2f}元; 三年期: {:.2f}元 \
7.        ".format(year1,year2,year3))
```

运行测试：Shell 交互窗口中的运行结果如下。

```
>>>
==============RESTART:D:\案例 4-1.py==============
```

```
整存整取利率一年期为1.75%,两年期为2.25%,三年期为2.75%
请输入存款金额(元)：3000
应付本息一年期：3052.50元；两年期：3135.00元；三年期：3247.50元
```

站点小记：

(1)本例题要求按顺序输出三个存期的到期本息金额，所以要使用顺序结构。若由用户选择单独查看某存期的本息金额，则必须使用分支结构才能满足需求。

(2)代码第6、7行是Python中一条语句换行的写法，代码第6行末尾加入了“\”，表示一条语句换行。

案例4-2 年龄分级

分级网站需要实名登录并对未成年人进行判别，以引导未成年人健康使用网络资源。现需要用户输入当前日期和18位身份证号码判断并输出该用户身份，18岁以下输出“未成年人”。

问题解析：

(1)本例题需要输入身份证号，经过提取、计算，输出该用户是否成年的信息。

(2)18位身份证号第7～14位是身份证持有人的出生年、月、日(4位年、2位月、2位日)，只要提取18位身份证号字符串的日期信息并与用户输入的当前日期比较即可计算年龄。

(3)年龄判断处理流程图如图4-6所示。

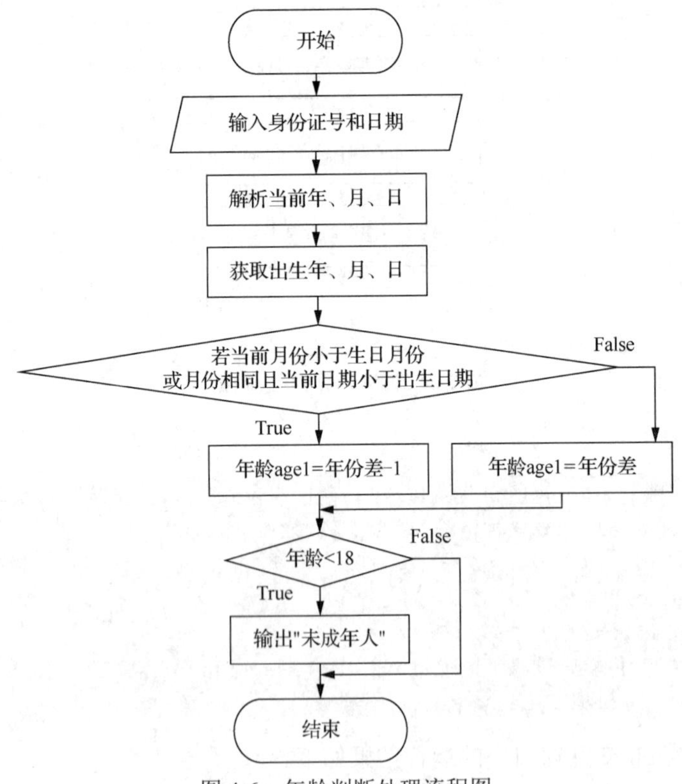

图4-6 年龄判断处理流程图

代码设计：

```
1. dstr=input("输入 8 位日期(如 2021 年 12 月 18 日则输入 20211218): ")
2. id1=input("请输入您的身份证号: ")
3. y1=int(dstr[:4])                  #字符串切片获取输入的当前年份
4. m1=int(dstr[4:6])                 #字符串切片获取输入的当前月份
5. d1=int(dstr[-2:])                 #字符串切片获取输入的当前日
6. birthy=int(id1[6:10])             #字符串切片获取身份证中生日的年份
7. birthm=int(id1[10:12])            #字符串切片获取身份证中生日的月份
8. birthd=int(id1[12:14])            #字符串切片获取身份证中生日的日
9. if m1<birthm or (m1==birthm and d1<birthd):
10.    age1=y1-birthy-1              #则用户年龄为年份差还要再减 1
11.else:age1=y1-birthy               #否则用户年龄为年份差
12.print("{}岁".format(age1))        #输出用户年龄
13.if age1<18:print("未成年人")      #若用户年龄小于 18 岁则输出为未成年人
```

运行测试： Shell 交互窗口中的运行结果如下，其中*代表对应的数字。

```
>>>
==============RESTART:D:\案例 4-2.py==============
输入 8 位日期(如 2021 年 12 月 18 日则输入 20211218): 20211218
请输入您的身份证号: 51210620050312***0
16 岁
未成年人
```

站点小记： 注意由于字符串索引从左至右递增序号，从 0 开始编号，所以生日 8 位字符所在的索引号为 6～13。由于字符串切片后还是字符类型，同时需要 int 函数转换为整数类型才能参与后续算术运算。另外，为了让程序更友好，可以使用 datetime 模块自动获取当前日期，具体用法参考第 6 章内容。

案例 4-3　超速判断

车辆在高速公路行驶时，导航地图会根据车辆当前行驶速度反馈提示信息，若速度处于 60～100km/h 则提示正常行驶保持车速，若超过 100km/h 则提示您已超速请减速慢行，否则若低于 60km/h 时则提醒谨防追尾。通过程序模拟上述提醒。

问题解析：

(1) 需要用户输入当前行驶速度，经过程序判断后输出行驶提示信息。

(2) 超速判断处理流程图如图 4-7 所示。

代码设计：

```
1. speed=int(input("当前车速为: "))
2. if speed>100:
3.     print("您已超速请减速慢行")
4. elif speed>=60:              #否则 speed<=100(隐含条件)且 speed>=60
5.     print("正常行驶保持车速")
6. else:                        #否则 speed<60(隐含条件)
7.     print("车速较慢谨防追尾")
```

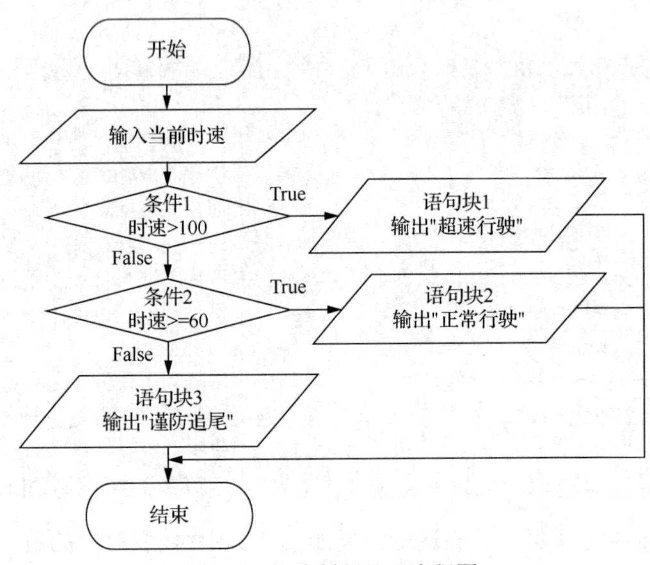

图 4-7 超速判断处理流程图

运行测试：Shell 交互窗口中的运行结果如下。

```
>>>
==============RESTART:D:\案例 4-3.py==============
当前车速为：80
正常行驶保持车速
```

站点小记：该例题采用多分支结构，其中的 2 个条件表达式有多种构造方式，如条件 1 先判断 60 <= speed <= 100，条件 2 再判断 speed > 100；或者条件 1 先判断 speed < 60，条件 2 再判断 speed < 100。总之在构造多个条件表达式时，务必使得各个条件互斥。程序执行时，当上一个条件为假时才会进行当前条件表达式的判断，多个分支语句块中只有一个语句块会被执行。

案例 4-4 身高分类

某城市将举办冬奥会，举办方将面向民众招募开幕式志愿者。详细要求如下：身高超过 185cm 的志愿者可参加护旗手选聘，身高超过 180cm 的志愿者可聘为仪仗队员，身高在 172cm 以上的志愿者可加入特勤员行列，身高不足 172cm 的志愿者可作为引导员参与冬奥会组织工作。请设计程序帮助举办方筛选符合身高要求的志愿者以及推荐对应岗位。

问题解析：

(1) 需要用户输入身高数据，经判断后输出对应岗位。

(2) 身高判断处理流程图如图 4-8 所示。

代码设计：

```
1. height=int(input("志愿者身高(cm):"))
2. if height>=185:
3.     style="护旗手"
4. elif height>=180:   #否则隐含条件为height<185时，height>=180
```

```
5.     style="仪仗队员"
6. elif height>=172:          #否则隐含条件为height<180时，height>=172
7.     style="特勤员"
8. else:                      #否则之前的条件为假时
9.     style="引导员"
10.print(style)
```

运行测试：Shell 交互窗口中的运行结果如下。

```
>>>
==============RESTART:D:\案例 4-4.py==============
志愿者身高(cm):175
特勤员
```

站点小记：该例题有 4 条分支语句待选择，所以设置了 3 个互斥的条件，如代码第 2、4、6 行。

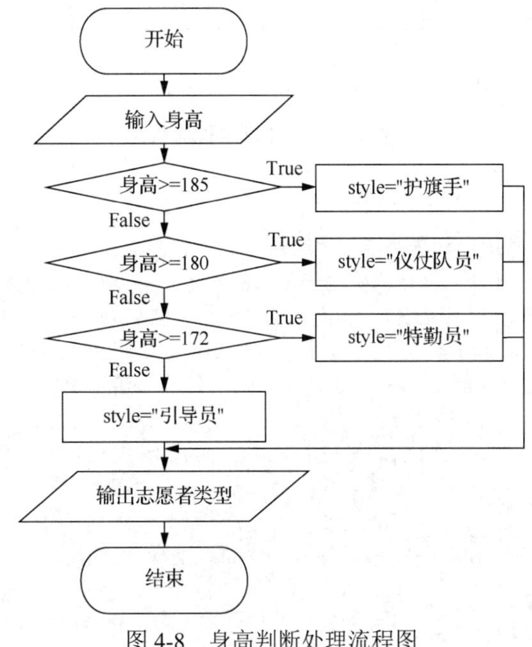

图 4-8　身高判断处理流程图

案例 4-5　折扣计算

周末商场正在进行打折促销，具体办法如下：普通顾客购物满 100 元打 9 折；会员购物打 8 折，购物满 200 元打 7.5 折。以下程序可根据优惠计划进行购物折扣结算，请在横线处补充上适当语句。

问题解析：

(1) 需要输入消费金额及顾客类型，经过判断、计算后输出购物折扣及结算金额。

(2) 购物折扣是由两个因素决定的：一是否为会员，二购物金额是否符合满减要求。因此可按 4 种情况分别进行处理，其流程图如图 4-9 所示。

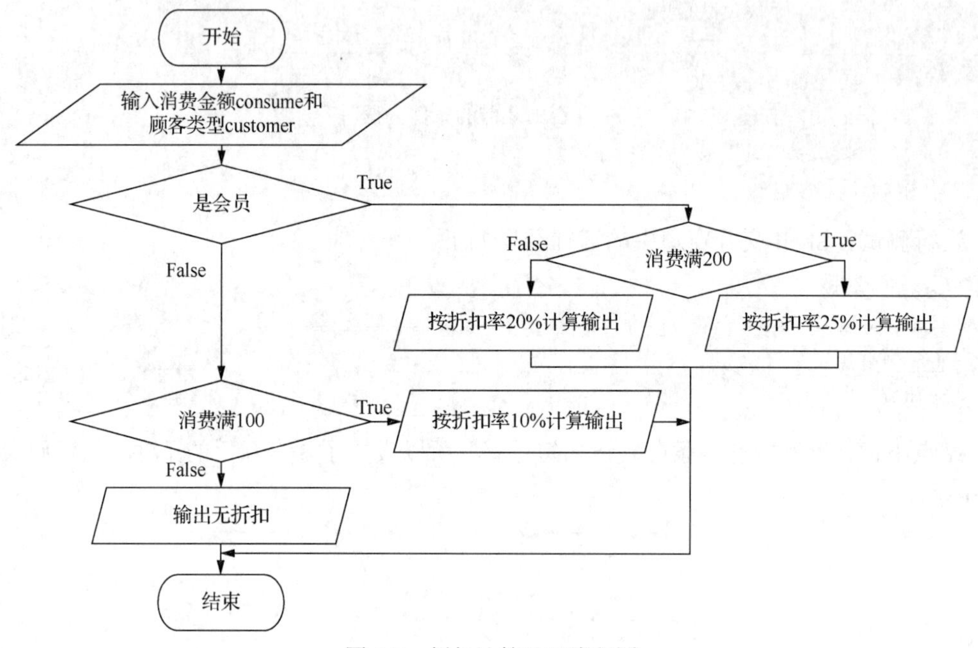

图 4-9 折扣计算处理流程图

代码设计：

```
1.#请在横线处补齐代码，让程序能正常运行
2. consume=float(input("消费金额是(元)：")) #输入消费金额
3. customer=input("您是会员吗(是/否)？：")   #接收键盘输入
4. if customer.strip()=="是":      #strip 去掉 customer 对应字符串首尾空格
5.     if consume>=200:                      #若消费金额大于等于 200
6.         consume=consume*0.75              #按 7.5 折计算缴费金额
7.         print("25%off",round(consume,2))#输出折扣率及结算金额保留 2 位小数
8.     else:                                 #否则(若会员消费金额低于 200)
9.         ____________________              #按 8 折计算缴费金额
10.        print("20%off",round(consume,2))
11.______________________                    #否则若非会员消费大于等于 100
12.    consume=consume*0.9                   #按 9 折计算缴费金额
13.    print("10%off",round(consume,2))
14.else:                                     #否则(以上条件皆不成立)
15.    print("没有折扣",consume)
```

运行测试：Shell 交互窗口中的运行结果如下。

```
>>>
==============RESTART:D:\案例 4-5.py==============
消费金额是(元)：350
您是会员吗(是/否)？：是
25%off 262.5
```

站点小记：进行问题解析时应首先明确输入、输出及处理过程。理清所有已知条件的逻辑关系，寻找适合的程序控制结构，可采用流程图进行语义逻辑及算法分析，编辑代码时应写好注释，减少错误发生，最后通过多次运行程序输入不同区间的数据测试代码的可行性和健壮性。

4.3　冲关任务——顺序和分支的运用

任务 4-1　韩梅需要发布一段重要通知，由于文字较多，为了方便人们阅读，为这段文字生成二维码，文字内容如下：

Dear passenger:Welcome to My Wacky World as a Flight Attendant. I've discovered I'm a magnet for bizarre incidents, on the ground as well as in mid-air.

提示：请引用 MyQR 包的 myqr 模块(若没有此模块，则先在 cmd 窗口执行 pip install myqr 命令)，并使用 run 函数的 words 参数设置二维码指向的英文文本或链接地址。基本语句格式为：myqr.run(words=字符串)。程序执行后在程序文件所在目录查看生成的二维码图片 qrcode.png。

任务 4-2　学校正在举办运动会，李雷需要输入选手百米赛跑成绩，程序自动判断成绩在 11s 以内的学生便有资格进入决赛，否则止步于预赛。请设计程序实现该功能。

提示：输入一个成绩后，输出“进入决赛”或“未入决赛”的结果。

任务 4-3　韩梅全家人去青海旅游，要订购机票。机票的价格受旺季和淡季的影响，头等舱和经济舱价格也不同，头等舱价格以经济舱价格为基础上浮 50%，经济舱原价为 2000 元。4～10 月份为旺季，其余月份为淡季。旺季头等舱打 9 折，经济舱打 8 折；淡季头等舱打 5 折，经济舱打 4 折。编写程序，根据出行的月份和选择的舱位输出实际的机票价格。

提示：用户分两行输入 1～12 的月份和舱位，其中 F 为头等舱，Y 为经济舱，不考虑输入其他字符的异常情况。

任务 4-4 邻居请李雷帮忙报税，个人所得税计算公式为：

应纳个人所得税税额=(工资薪金所得–五险一金–个税免征额)×适用税率–速算扣除数

其中，个税免征额为 5000 元/月，对应税率如表 4-3 所示。

表 4-3 税率对照

全月应纳税所得额(含税级距)	税率/%	速算扣除数
不超过 3000 元	3	0
超过 3000 元至 12000 元的部分	10	210
超过 12000 元至 25000 元的部分	20	1410
超过 25000 元至 35000 元的部分	25	2660
超过 35000 元至 55000 元的部分	30	4410
超过 55000 元至 80000 元的部分	35	7160
超过 80000 元的部分	45	15160

李雷帮邻居编写的个税计算程序的功能。用户输入：扣除五险一金后工资金额(不能小于 0)，输出应缴税款和实发工资，结果保留小数点后两位。当输入数字小于 0 时，输出“error”。注意：应纳税所得额是扣除个人免征税后的额度。

4.4 关卡任务

社区要向辖区内 12 岁以上居民发放消费券，李雷和韩梅需要帮助社区筛选出符合领取消费券条件的适龄人群，并分配领取消费券时间段。具体要求：设计一个交互程序，输入身份证号码和当前日期，根据居民出生年月给出相应预约提示。年龄在 18～60 岁的居民提示在星期一前往社区办公室领取消费券，年龄在 12～17 岁的居民提示在星期三前往社区办公室领取消费券，年龄在 60 岁以上的居民提示在星期五前往社区办公室领取消费券，年龄小于 12 岁的居民不发放消费券。适龄居民可选择预约时间及消费券，并显示其预约信息(身份证号码、出生年月、预约时间及消费券)。

可选消费券为 1. 红旗超市，2. 舞东风超市，3. 互惠超市。

提示：请参考案例 4-2 和案例 4-5，运行结果如下。

```
>>>
==============RESTART:D:\4 章关卡任务.py==============
输入 8 位当前日期(如 2021 年 12 月 18 日则输入 20211218):20211218
请输入您的 18 位身份证号:100000200802150000
请于星期三领取消费券。
请确定预约时间及消费券编号。
您希望领取的时间段(如输入 12-13，表示希望 12 点~13 点间领取):09-12
您希望领取的消费券是(1.红旗超市   2.舞东风超市   3.互惠超市):1
您的预约信息如下:100000200802150000,2008 年 2 月出生,预约时间:09-12 点,消费券:1
```

第5章 循环的秘密

李雷和韩梅在密室逃脱游戏中遇到了一串奇怪的字符，他们需要根据仅有的提示线索进行破解，获取奇怪字符后面隐藏的信息。用 Python 知识来试试吧！

完成上述任务，他们需要学习 for 循环、while 循环，以及循环结构的 break、continue 等相关知识；在热身加油站补充能量，观察并分析各个案例程序，思考其中的代码逻辑；然后在冲关任务中熟悉基础应用，最后完成关卡任务。

5.1 冲关知识准备——Python 循环

5.1.1 for 循环

for 循环的循环次数是确定的，它使用一个循环控制器也称为迭代器来描述循环语句块重复执行的次数。

格式：

```
for 循环变量 in 迭代器:
    <语句块>                              #循环体
```

说明：

(1) for 循环流程如图 5-1 所示。

(2) 这是循环次数确定的循环结构，循环中的迭代器产生数据序列，每循环一次，按顺序取出一个序列元素赋值给循环变量，通常迭代器产生的数据序列的元素个数就是循环次数。

(3) 字符串做迭代器，字符串中每一个字符就是一个序列元素，for 循环把字符串中每个字符依序取出赋值给循环变量，每取到一个字符就执行一遍循环体语句块。

(4) 列表做迭代器，for 循环依序取出列表每个元素赋值给循环变量。

(5) range(start,end,step) 函数做迭代器，对应参数说明如下：

start 表示计数从 start 开始，默认是 0。例如，range(5) 等价于 range(0,5)。

end 表示计数结束，但不包括 end。例如，

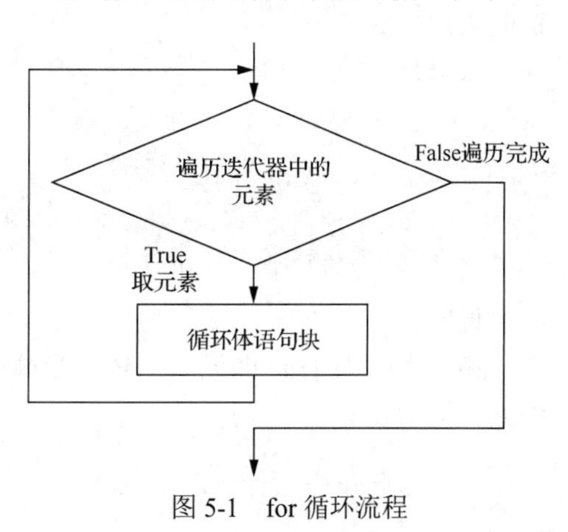

图 5-1　for 循环流程

range(0,5)是[0,1,2,3,4]没有 5。

step 表示步长，默认为 1。例如，range(0,5)等价于 range(0,5,1)。当 step 为负时，序列递减。

5.1.2 while 循环

当不确定循环执行的次数时可使用 while 循环(条件循环)，条件为真时才进入循环体执行，条件为假时结束循环。

格式：

```
while 条件表达式:
    <语句块>            #循环体
```

说明：

(1) while 循环流程如图 5-2 所示。

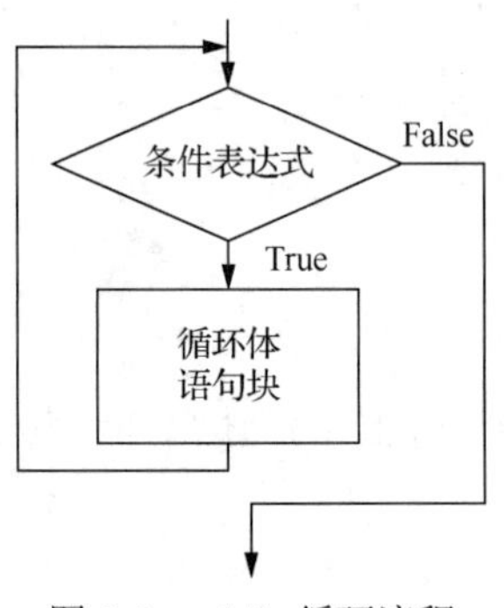

图 5-2 while 循环流程

(2) 这是循环次数未知的循环结构，条件表达式决定了循环体语句块是否被执行，当且仅当条件表达式为真时，才执行循环体语句块。

(3) 每循环一次执行一遍循环体语句块，然后继续判断条件，当条件为假时循环结束。

(4) 参与控制循环的变量通常在进入循环前赋初值，并包含在条件表达式中，且在循环体内改变其值。

(5) 当循环条件为 True 或 1 时，如果没有特殊处理，那么就会一直执行 while 循环，这种情况被称为无穷循环(不会出现条件为 False 的情况，无法跳出循环)。若循环陷入无穷执行的时候，可按住 Ctrl+C 键来强制中断循环。

5.1.3 中断循环 break

当循环体中的语句在执行过程中，可以使用 break 语句中断并跳出循环体。在无穷循环中，也通常采用 break 语句来中断循环。在循环嵌套结构中，break 语句只能中断当前循环即本层循环。

格式：

```
while True:
    循环体语句块
    if 条件:
        break
```

说明：

循环条件为 True 即无穷循环。当循环体中分支结构的条件为真时，执行 break 语句，中断该无穷循环。

5.1.4　继续循环 continue

如果需要在循环体中跳过一些语句继续进入下一次循环，可以使用 continue 语句实现。在循环嵌套结构中，continue 只能在当前(本层)循环中继续下一次循环。

格式：

```
while 循环条件:
    语句块 1
    if 条件:
        continue
    语句块 2
```

说明：

循环条件为真时执行循环体语句，当循环体中分支结构的条件为真时，执行 continue，忽略语句块 2，转至 while 处判断循环条件，继续下一次循环。

5.2　热身加油站——生活中的循环

案例 5-1　统计汉字个数

输入一个字符串，统计其中中文字符的个数。基本中文字符的 Unicode 编码范围是 0x4E00～0x9FA5。

问题解析：

(1) 程序输入一个包含中文的字符串，经判断处理后输出中文字符个数。

(2) 对字符串进行遍历，判断字符串中每一个字符是否是中文字符，若是中文字符则计数器加 1。

(3) 程序流程如图 5-3 所示。

代码设计：

```
1. s=input("输入包含中文的字符串:")
2. count=0
3. for c in s:                        #c 的作用是__________________
4.     if 0x4E00<=ord(c)<=0x9FA5:    #若该字符 unicode 编码在中文字符编码范围
5.         count+=1                  #count 的作用是______________
6. print(count)                       #输出计数器的值
```

运行测试：Shell 交互窗口中的运行结果如下。

```
>>>
==============RESTART:D:\案例 5-1.py==============
输入包含中文的字符串：abcd 可还行，一个都不能少 go!go!go!
9
```

站点小记：0x4E00～0x9FA5 是中文字符 Unicode 编码的十六进制数形式。可通过 ord

函数把一个字符转换为 Unicode 编码再进行比较。此例采用了 for 循环结构，字符串 s 做迭代器。

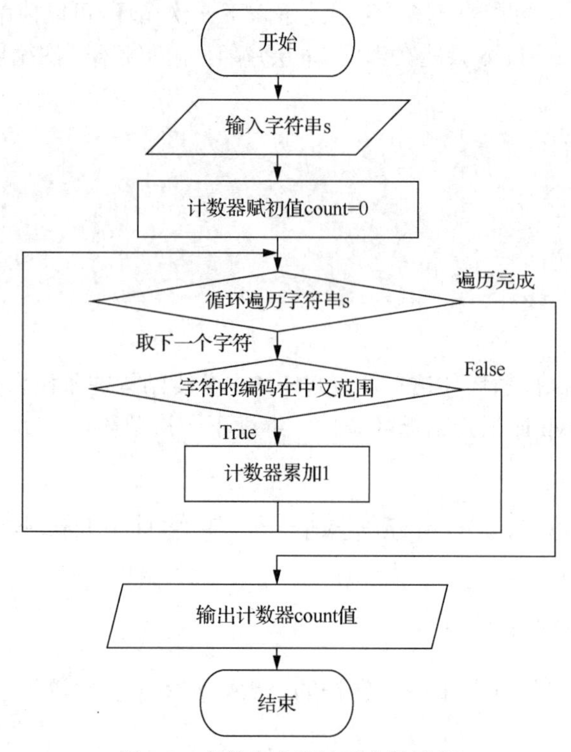

图 5-3 字符串中统计汉字数流程

案例 5-2 进制转换

当需要把十进制整数转换为其他进制数时，可用该数除以基数取余并逆序输出的方法进行转换，请设计程序把一个十进制整数输出为二进制数。

问题解析：

(1)程序输入一个十进制整数，经计算后以字符串形式输出对应的二进制数。

(2)程序流程如图 5-4 所示。

代码设计：

```
1. num=eval(input("输入一个十进制数：")) #原数做被除数
2. result=""                              #存放结果的变量 result 初值为空串
3. base=2                                 #基数为 2
4. while num!=0:                          #被除数(商)不为 0 时执行循环体
5.     num,mod=divmod(num,base)           #求原数与基数的商和余数，商继续做被除数
6.     result=result+str(mod)             #把余数添加到字符串中
7. result=result[::-1]                    #result[::-1]作用是________
8. print("转换为二进制数为：{}".format(result))
```

运行测试：Shell 交互窗口中的运行结果如下。

```
>>>
==============RESTART:D:\案例 5-2.py==============
输入一个十进制数：17
转换为二进制数为：10001
```

站点小记：while 循环头的循环条件设为 num! = 0，既表示被除数不为 0，也表示商不为 0 时进行循环，因为商即为下一次循环的被除数。当商为 0 时结束 while 循环。当需要把十进制转换为其他进制数(如八进制、十六进制数)时，只需要将 base 赋值为相应的基数即可。

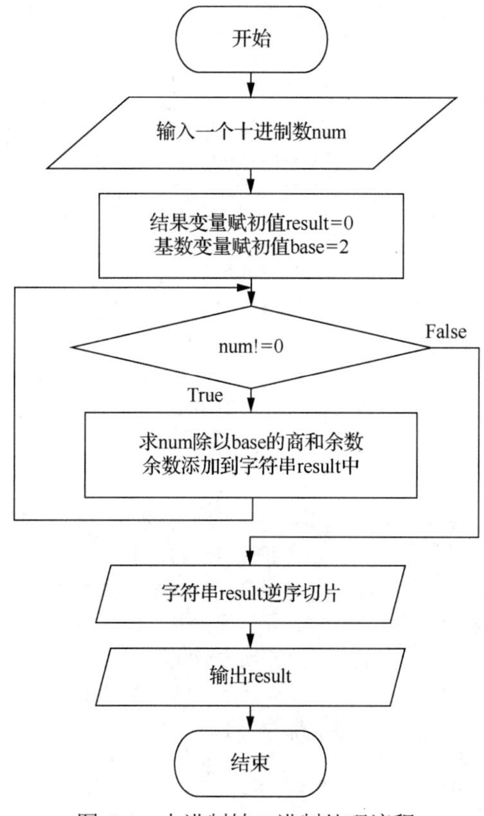

图 5-4　十进制转二进制处理流程

案例 5-3　删除指定字符

若想去掉一个字符串“我大们大都是时大间大大的旅大行者大，乘大坐着大大生大命的大帆大船。”中所有的“大”字，借助循环结构和选择结构来设计程序。

问题解析：

(1) 对字符串进行遍历，判断字符串中每一个字符是否是目标字符，把非目标字符加入结果字符串，若是目标字符则不加入。

(2) 程序流程如图 5-5 所示。

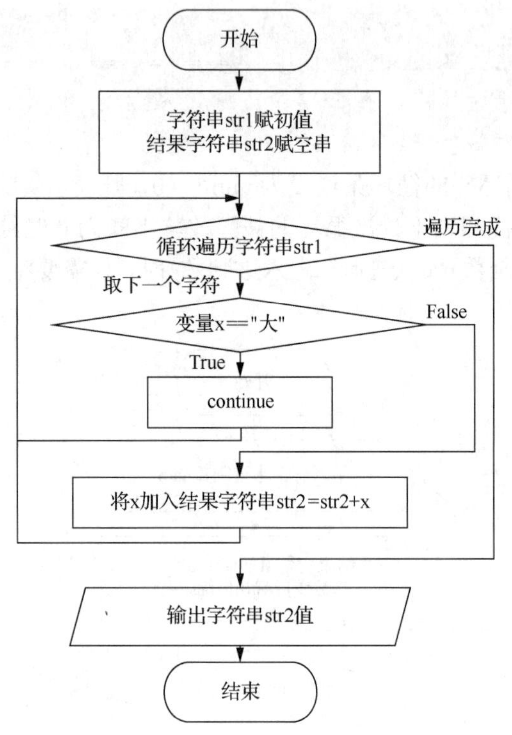

图 5-5 删除文本中指定字符流程

代码设计：

```
1. str1="我大们大都是时大间大大的旅大行者大，乘大坐着大大生大命的大帆大船。"
2. str2=""                    #结果字符串赋初值为空串
3. for x in str1:             #遍历原字符串
4.     if x=="大":            #若是"大"字，则不加入结果字符串中
5.         continue           #忽略当前循环中后续语句，转至________________
6.     str2=str2+x            #将当前字符连接入结果字符串中
7. print(str2)                #输出结果字符串
```

运行测试：Shell 交互窗口中的运行结果如下。

```
>>>
==============RESTART:D:\案例 5-3.py==============
我们都是时间的旅行者，乘坐着生命的帆船。
```

站点小记：此程序采用了字符串做迭代器，遍历每一个字符以判断是否为“大”字，如代码第 3、4 行。循环体中分支结构语句也可改写为 if x != "大": str2 = str2+x。

案例 5-4 牛顿迭代法求平方根

牛顿迭代法求某数平方根的基本求解方法为：若需要求 x 的平方根 y，先给变量 y 赋初值为 1.0，while 循环结构中使用公式 y = (y+x/y)/2 迭代求精，直到精度＜1e-7 则中断循环，打印输出求得 y 值。

问题解析：

(1)程序输入一个实数 x，经计算后输出其对应平方根的结果 y。

(2)程序流程如图 5-6 所示。

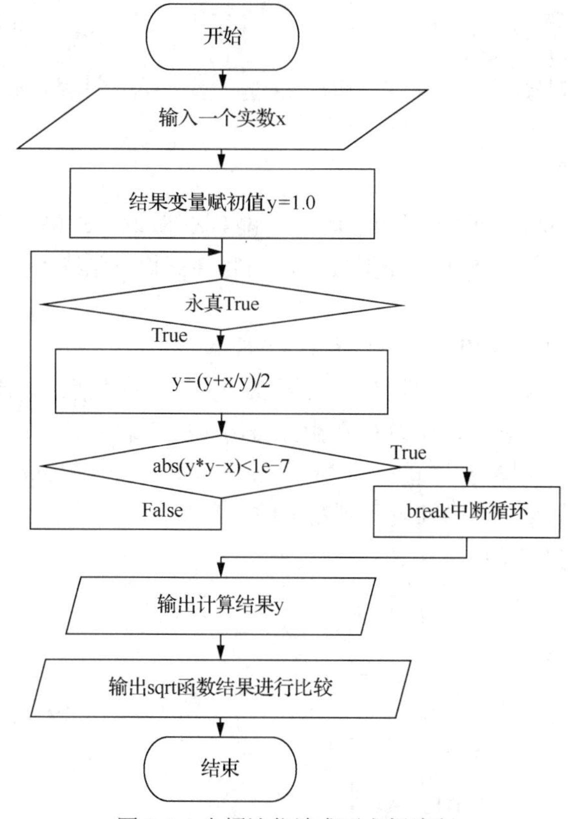

图 5-6　牛顿迭代法求平方根流程

代码设计：

```
1. import math
2. x=float(input("输入一个实数:"))
3. y=1.0                                  #平方根初值赋为 1.0
4. while True:                            #未知循环次数，可采用永真循环
5.     y=(y+x/y)/2                        #循环体中 y 逐步迭代求精
6.     print(y)                           #输出每次循环所求中间结果(可省略)
7.     if abs(y*y-x)<1e-7:                #当精度误差小于__________时
8.         break                          #中断循环
9. print("平方根为:{}".format(y))         #输出平方根的最终结果
10.print("sqrt 函数求平方根为: ",math.sqrt(x))    #输出函数计算结果进行比较
```

运行测试： Shell 交互窗口中的运行结果如下。

```
>>>
==============RESTART:D:\案例 5-4.py===============
输入一个实数:5
```

```
3.0
2.3333333333333335
2.238095238095238
2.2360688956433634
2.236067977499978
平方根为：2.236067977499978
sqrt 函数求平方根为：2.23606797749979
```

案例 5-5 说谎问题

ABC 三人，需要调解他们之间的矛盾。A 说 B 在撒谎，B 说 C 在撒谎，C 说 A 和 B 都在撒谎，而三个人中只有 1 个人在说真话，到底谁在说真话呢？

问题解析：

(1) 使用列表["A","B","C"]表示三个人。

(2) 定义一个变量 x 存放说真话的人，x = "A"表示 A 说真话，其余两人在撒谎。例如，A 说 B 在撒谎可用 x != B 表示，B 说 C 在撒谎可用 x != C 表示，C 说 A 和 B 都在撒谎可用 x != A and x != B 表示。逻辑表达式(x != 'B') + (x != 'C') + (x != 'A' and x != 'B')结果为 1，就可以表示判断成功，如果为 0，则表示判断失败。

(3) 程序流程如图 5-7 所示。

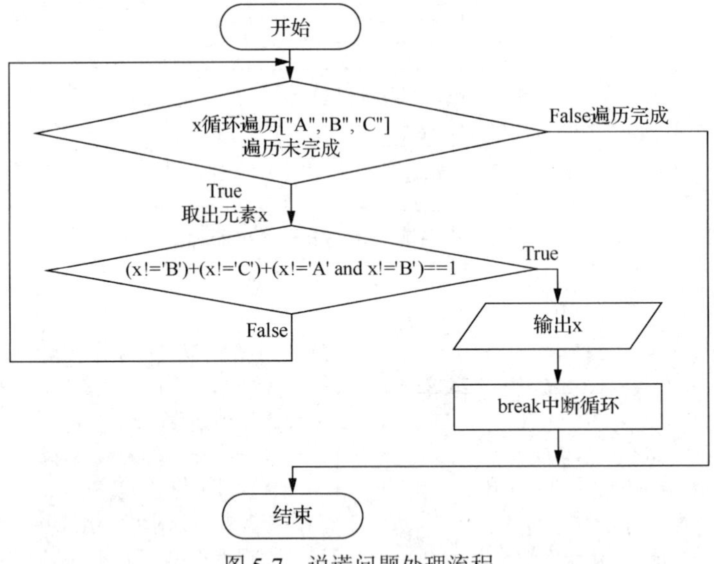

图 5-7 说谎问题处理流程

代码设计：

```
1. for x in["A","B","C"]: #循环变量 x 依次取值，表示说真话的是"A"或"B"或"C"
2.     if (x!='B')+(x!='C')+(x!='A' and x!='B')==1:#三人说的话 1 真 2 假和为 1
3.         print("说真话的是{}".format(x))              #输出说真话的人
4.         break                                        #已找到说真话的人,中断循环
```

运行测试：Shell 交互窗口中的运行结果如下。

```
>>>
==============RESTART:D:\案例 5-5.py==============
说真话的是 B
```

站点小记：此例题的遍历循环迭代器使用了列表，也可以使用字符串“ABC”做迭代器，每循环一次取出一个字母来。break 中断语句可以减少循环次数，当找到并输出说真话的人后即可中断当前循环结束程序。

5.3　冲关任务——循环结构的运用

任务 5-1　韩梅要在一行中连续输出所有的三位“水仙花数”，每个数字占 5 位宽度，居中对齐，空白用“*”号填充。所谓“水仙花数”是指具备这样特征的三位正整数：它的个位、十位、百位数字的立方和，等于这个三位数的值，例如，三位数 407 就是一个“水仙花数”，$407=4^3+0^3+7^3$。

任务 5-2　李雷帮助快递公司设计一个快递计费系统，邮寄快件的收费标准：每件重量不超过 1kg 邮费 10 元。当超过 1kg 时，超过部分每 0.5kg，加收 3 元，不足 0.5kg，按 0.5kg 收费。编写程序，可多次输入邮件重量，计算并输出应付邮费，直到输入 0 时，结束程序。

提示：由于循环次数不确定，可采用 while 条件循环。

任务 5-3　大老鼠发现家里的奶酪少了一大块，审问四只小老鼠 A、B、C、D，其实只有一只老鼠偷吃了奶酪。A 说：“我没吃。”B 说：“是 C 吃的。”C 说：“肯定是 D 吃的。”D 说：“C 在冤枉我。”已知四只小老鼠中有三只说的是真话，一只说的是假话。韩梅需要编程求解到底是哪只老鼠偷吃了奶酪。

任务 5-4　李雷需要登录计算机系统，有三次输入用户名和密码的机会，要求：在第 1 行输入用户名“Fantasy”，第 2 行输入的密码需为任务 5-3 中的字符输出结果*6，登录成功后输出“登录成功！”；当 3 次输入用户名或密码不正确时输出“3 次用户名或者密码均有误！登录失败。”

提示：字符*6 意味着重复字符 6 遍。

5.4 关卡任务

韩梅和李雷在密室逃脱游戏中，看到一串奇怪的信息：“g fmonc woms bogbl'r rpylqjoyrc gr zow foylb. rfyor'q ufoyr amknosorcopq ypc domp. bmgole gr gl zow foylb gq glocododgoaogclr ylb rfoyro'q oufw orfogoq rocovor gq qoom jmloe. oamlepoyrsjoyrogmlq!o oouoyowo orm eom!oo fgoef odogotc!o”，他们得到的解密线索是：e→g 和 o→None（None 在 Python 中表示空值），快来破译吧！

第6章 循环扩展与异常处理

李雷和韩梅为某超市设计一个生成保管箱取件码的程序，当用户在保管箱里放入随身物品时，程序会生成一个六位不重复的取件码返回给用户，用户离开超市时凭取件码提取寄存物品。

完成上述任务，他们需要学习 else 循环、嵌套循环、datetime 模块和 random 模块相关知识；在热身加油站补充能量观察并分析各个案例程序，思考其中的代码逻辑，然后在冲关任务中熟悉基础应用，最后完成关卡任务。

6.1　冲关知识准备——更强大的程序结构

1. else 循环

1）for…else 结构

与分支结构不同，当且仅当遍历循环一次都不执行或循环遍历了所有迭代器的值，正常结束循环时，才能执行 else 下的语句块。循环被强制中断则不执行 else 下的语句块。其语句格式如下。

格式：

```
for 变量 in 迭代器:
    <语句块 1>
else:
    <语句块 2>
```

说明：

（1）for…else 结构流程如图 6-1 所示。

（2）若语句块 1 中包含 break 等中断循环语句，且程序执行过程中通过 break 中断了循环，则不执行 else 下的语句块 2。否则循环正常结束，执行 else 下的语句块 2。

（3）若遍历迭代器序列为空，循环体语句块 1 不执行时，也将执行 else 下的语句块 2。

2）while…else 结构

当且仅当 while 循环一次都不执行，或循环正常结束，才能执行 else 下的语句。循环被强制中断则不执行 else 后面的语句块 2。

格式：

```
while <条件表达式>:
```

```
    <语句块 1>
else:
    <语句块 2>
```

说明：

(1) while…else 结构流程如图 6-2 所示。

(2) 若语句块 1 中包含 break 等中断循环语句，且程序执行时通过 break 中断了循环结构，则不执行 else 下的语句块 2。否则循环正常结束，执行 else 下的语句块 2。

(3) 若循环条件不成立，循环体语句块 1 不执行时，也将执行 else 下的语句块 2。

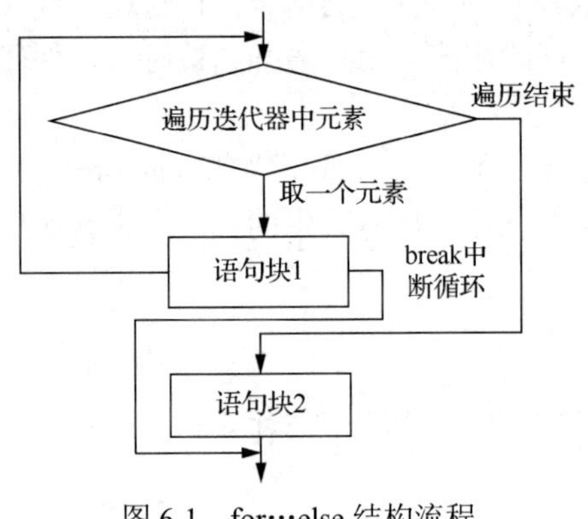

图 6-1 for…else 结构流程

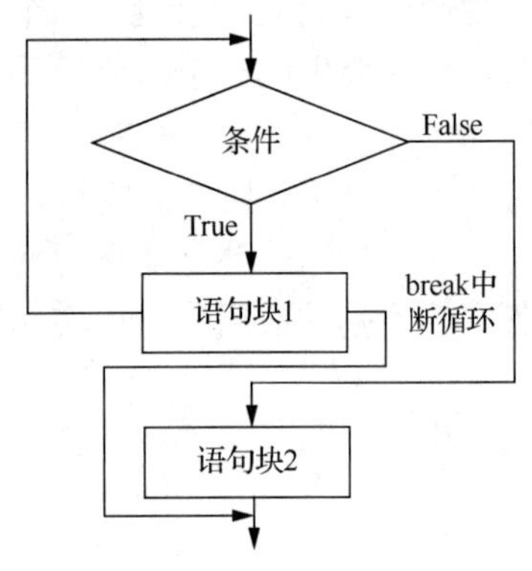

图 6-2 while…else 结构流程

2. 循环嵌套

在一个循环体中又包含一个完整的循环结构，称为循环的嵌套。有 for…for、while…while、while…for、for…while 四种用法。以 for…for 和 while…for 为例进行讲解。

格式 1：

```
for 变量 1 in 迭代器:          #外循环
    <语句块 1>
    for 变量 2 in 迭代器:      #内循环
        <语句块 2>             #内循环体
```

格式 2：

```
while <条件 1>:                #外循环
    <语句块 3>
    for 变量 3 in 迭代器:      #内循环
        <语句块 4>             #内循环体
```

说明：

(1) 在循环的嵌套结构中，每当外循环执行一次，内循环将执行一轮。由于整个内循环结构处于外循环的循环体语句块中，所以要特别注意语句的缩进。

(2) 若循环结构中包含 break、continu 等语句，只能对当前循环有效。

3. 异常处理

异常是一个事件，该事件会在程序执行过程中发生，影响了程序的正常执行。一般情况下，在 Python 无法正常处理程序时就会触发一个异常。例如：变量名不存在、语法错误、除数为 0、下标越界、文件不存在等，如表 6-1 所示。

表 6-1 常见异常类型

异常类型	描述	异常类型	描述
ValueError	值错误	SyntaxError	语法错误
ZeroDivisionError	除数为 0 错误	KeyError	按键错误
NameError	变量名不存在	IOError	输入/输出操作失败
TypeError	类型错误	FileNotFoundError	文件不存在

异常处理是指预先编写特定语句块，当程序发生异常后，捕获异常并进行处理。Python 使用 try…except 语句块来处理异常，执行预先指定的异常处理操作，避免程序终止运行，同时告诉 Python 发生异常时该怎么处理。其基本格式如下。

格式 1：

```
try:
    <语句块 1>
except  <异常类型>:
    <语句块 2>
```

格式 2：

```
try:
    <语句块 1>
except  <异常类型>:
    <语句块 2>
else:
    <语句块 3>
```

格式 3：

```
try:
    <语句块 1>
except  <异常类型>:
    <语句块 2>
finally:
    <语句块 4>
```

格式 4：

```
try:
    <语句块 1>
except  <异常类型>:
    <语句块 2>
else:
    <语句块 3>
finally:
    <语句块 4>
```

说明：

(1)<语句块 1>是可能引发异常的代码；<语句块 2>是用于处理异常的代码。

(2)except 缺省异常类型时代表所有异常都可捕获，若写明了异常类型，就只能捕获这种异常类型，除表 6-1 外的常见异常类型请参考官方文档。

(3)程序先执行 try 后的<语句块 1>，如果<语句块 1>引发异常并由 except 捕获到异常，则转而执行<语句块 2>来处理异常。例如，以下代码片段就会触发除数不能为 0 异常，并由 except 关键字捕捉到异常，转而执行 print 语句完成异常处理。

```
try:
    num=3/0
except  ZeroDivisionError:
    print("除数不能为0！")
```

(4)若 try 下的<语句块 1>没有发生异常，则执行 else 下的<语句块 3>。

(5)无论是否发生异常都要执行 finally 下的<语句块 4>。

4. random 模块

Python 标准库中的 random 模块能产生随机数，广泛用于密码设计、样本采样、博弈、抽检、测试、仿真、模拟等应用场景。表 6-2 列举了 random 模块中常用函数。

表 6-2　random 模块中常用函数

函数	含义	示例(执行 from random import*后)
random()	生成[0,1)之间的随机小数，不含 1	>>> random() 0.6134578123838156
uniform(a,b)	生成[a,b]之间的随机小数，包含 a 和 b	>>> uniform(3,9) 8.298447177289761
randint(a,b)	生成[a,b]之间的随机整数，包含 a 和 b	>>> randint(1,6) 6
randrange(start,stop[,step])	生成[start,stop)之间以 step 为步长的随机数，不含 stop	>>>randrange(1,6) 5　注意不能取值 6

choice(seq)	从序列里随机选择一个元素，序列类型可为列表、元组、字符串等	>>> choice([5,3,2,9])
		3
		>>> choice("abcdefg")
		'e'

sample(pop,k)	从字符串、列表、元组和集合类型中随机选取 k 个元素，返回列表类型的数据	>>> sample("abcdefg",3) ['g','b','a']

shuffle(seq)	将序列类型中的元素随机排列，返回调整后的序列	>>> x=[1,5,3,2,9]
		>>> shuffle(x)
		>>> print(x)
		[5,9,3,2,1]

seed(a)	初始化随机数种子，缺省参数时默认值为当前系统时间。当设定了 seed 函数的参数，每次产生固定的随机数序列	>>> seed(10)
		>>> randint(1,100)
		74

5. datetime 模块

Python 标准库中的 datetime 模块提供了日期和时间相关操作，该模块有如表 6-3 中五种核心对象。

表 6-3　datetime 模块核心对象

名称	含义及功能
date	日期类，处理年、月、日
time	时间类，处理时、分、秒、微秒
datetime	日期和时间类，处理年、月、日、时、分、秒、微秒
timedelta	时间间隔类，时间加减
tzinfo	时区类

以下主要讨论 datetime 和 timedelta，其他请查阅官方文档。

1) datetime

datetime 对象用于表示精确的日期和时间。

格式：

```
from datetime import datetime
b=datetime(year,month,day,hour,minute,second,microsecond)#构造对象赋值给 b
b.year              #获取 datetime 对象 b 中对应年数据
b.month             #获取 datetime 对象 b 中对应月数据
b.day               #获取 datetime 对象 b 中对应日数据
b.hour              #获取 datetime 对象 b 中对应小时数据
b.minute            #获取 datetime 对象 b 中对应分钟数据
b.second            #获取 datetime 对象 b 中对应秒数据
b.microsecond       #获取 datetime 对象 b 中对应微秒数据
e=datetime.now()    #返回当前日期时间 datetime 对象存入变量 e
```

说明：

(1) 构造 datetime 对象时，参数 year、month、day 必填，其余参数是可选项。如 b=datetime(2021,10,1,11,18,20,8) 表示构造了 2021 年 10 月 1 日 11 时 18 分 20 秒 8 微秒对应的对象 b。

(2) e=datetime.now() 可以获取当前的日期和时间，结果也是 datetime 对象，通过 e.year、e.month、e.day 即可取出对应的年、月、日数值。

(3) 利用 strftime 方法，可以把 datetime 对象中的日期时间数据构造为字符串类型，具体用法如表 6-4 所示。

表 6-4　strftime 方法使用示例(以对象 b 为例)

功能	示例	返回值(字符型)
获取年份字符串	b.strftime("%Y")	2021
构造年月份字符串	b.strftime("%Y-%m")	2021-10
构造年-月-日字符串	b.strftime("%Y-%m-%d")	2021-10-1
获取小时字符串(24 小时制)	b.strftime("%H")	11
构造小时:分字符串	b.strftime("%H:%M")	10:18
获取秒字符串	b.strftime("%S")	20
构造月/日/年格式字符串	b.strftime("%x")	10/1/2021
构造小时:分:秒字符串	b.strftime("%X")	11:18:20

2) timedelta 对象

timedelta 对象代表两个时间之间的时间差，两个 datetime 对象相减就会返回一个 timedelta 对象。

格式：

```
from datetime import datetime
#构造 datetime 对象对象赋值给 b
b=datetime(year,month,day,hour,minute,second,microsecond)
c=datetime.now()    #记录当前时间对应的 datetime 对象
d=c-b               #当前日期时间与 b 的时间差，返回 timedelta 对象赋值给变量 d
d.days              #timedelta 对象中的天数值
d.seconds           #timedelta 对象中的秒数值
d.microseconds      #timedelta 对象中的微秒数值
```

说明：

构造 datetime 对象时，参数 year、month、day 必填，其余参数是可选项。如以下代码就得到了一个 timedelta 对象 d。

```
b=datetime(2021,10,1)
c=datetime.now()
d=c-b
```

用 d.days、d.seconds、d.microseconds 可以得到当前时间与“2021 年 10 月 1 日 0 时 0 分 0 秒 0 微秒”间相差的天数、秒以及微秒值。

6.2 热身加油站——体验嵌套循环与异常处理

案例 6-1 计算 50 以内的素数

素数(质数)是指在大于 1 的自然数中，除了 1 和它本身以外不再有其他因数的自然数。编写程序求出 50 以内的所有素数并输出，素数之间以一个英文空格间隔。

问题解析：

(1) 一个整数 n，有变量 $i \in [2,n-1]$，若 n%i==0 则 n 不是素数，否则 n 是素数。即用 n 除以 2～n-1 的全部整数，如果都除不尽，则 n 是素数，否则 n 不是素数。

(2) 程序流程如图 6-3 所示。

代码设计：

```
1. for n in range(2,51):    #外循环变量 n 遍历[2,50]之间的整数，n 做被除数
2.     for j in range(2,n): #内循环变量 j 遍历[2,n-1]之间的数，j 做除数
3.         if n%j==0:       #若被除数 n 整除了 j，则 n 不是素数
4.             break        #中断内循环，转至下一次外循环，取下一个 n
5.     else:                #内循环的 for…else 扩展模式，当所有的 j 都不能被 n 整除
6.         print(n,end=' ') #n 必为素数，输出当前的素数 n
```

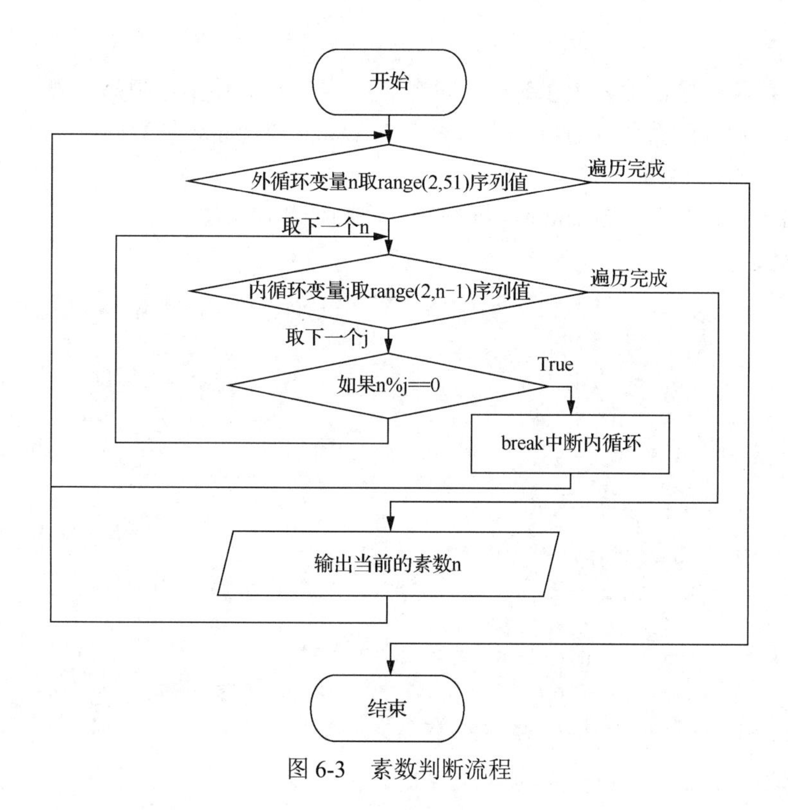

图 6-3　素数判断流程

运行测试：Shell 交互窗口中的运行结果如下。

```
>>>
==============RESTART:D:\案例 6-1.py==============
2 3 5 7 11 13 17 19 23 29 31 37 41 43 47
```

站点小记：

(1) 代码采用了 for…for 循环嵌套，内循环采用了 for…else 扩展模式。每次外循环变量 n 取到 1 个值后，进入内循环执行一轮，与依序取值 2～n-1 的内循环变量 j 求余，如果结果为 0，表示 n 能整除当前的 j，此时 n 必为非素数，所以 break 中断内循环无需再取更大的 j 值了，例如 9%3 == 0，则不用计算 9%4 了，只需转至外循环，取下一个 n 值 10，继续判断。

(2) 代码第 5 行的 else 表示当内循环正常遍历完成，所有的 j 都不能被当前的 n 整除时，n 必为素数，所以打印输出 n 值。此外，当内循环一次都不执行时，也会执行 else 下的语句输出 n 值。如当 n 值为 2，内循环 for j in range(2,n) 迭代器不产生序列，此时也会转至 else 执行。

案例 6-2　冰雹猜想

冰雹猜想也叫 3n+1 猜想，是指给定一个正整数，如果是偶数则减半；如果是奇数则变为它的 3 倍再加 1，对于所有正整数经过足够多次变换最终会变为 1。无论这个过程中的数值如何庞大，就像瀑布一样迅速坠落，最终会变换为 1。编写程序验证冰雹猜想：可任意多次输入大于 1 的整数值，每次输入一个整数，输出中间变换的数据及最终变为 1 时的步数，当用户输入初始数据 1 时结束程序。

问题解析：

(1)程序可任意多次输入大于等于 1 的整数，经计算后输出，中间结果及步数。

(2)可以对输入的整数 n 进行条件判断，若 n%2== 0，n 为偶数则 n = n/2 打印输出；否则 n = 3*n+1 打印输出。

(3)使用一个计数器变量 count，每变换一次则计数器加 1。

代码设计：

```
1. while True:                                  #外循环是无穷循环，不确定循环次数
2.     n=int(input("请输入一个大于 1 的整数："))
3.     if n==1:break                            #若输入 1 则结束外循环
4.     count=0
5.     while n!=1:                              #内循环为条件循环，当 n 不为 1 时执行内循环
6.         if n%2==0:                           #若为偶数，则减半
7.             n=n//2
8.             print(n,end="--")
9.         else:                                #否则为奇数，则 3*n+1
10.            n=3*n+1
11.            print(n,end="--")
12.        count=count+1                        #count 的作用是______________
13.    print("共计:{}步".format(count)) #打印步数
```

运行测试：Shell 交互窗口中的运行结果如下。

```
>>>
==============RESTART:D:\案例 6-2.py==============
请输入一个大于 1 的整数：5
16--8--4--2--1--共计:5 步
请输入一个大于 1 的整数：3
10--5--16--8--4--2--1--共计:7 步
请输入一个大于 1 的整数：1
```

站点小记：该例题采用了 while…while 嵌套循环结构，外循环采用无穷循环，用户可以无限次数输入整数，所以外循环体中需要分支结构配合 break 语句让用户输入 1 时可中断循环，否则会成为死循环。

案例 6-3　绘制螺旋四叶草图案

绘制如图 6-4 的四叶草图案，每一朵四叶草的颜色尺寸都不相同，呈螺旋状排列。

问题解析：

(1)循环绘制 4 个半圆，每次转角 90 度，即可绘制出四叶草轮廓。

(2)设置初始半径，每次进外循环绘制完一朵四叶草半径递增，即可绘制逐渐变大的 30 朵四叶草图案。

(3)每次四叶草绘图完成转向 30 度，并把画笔前进一段距离，逐渐增大距离值即可绘制螺旋形图案。

(4)引用 random 库，使得绘制图案时颜色参数取 0～255 的随机整数，即可构造随机

颜色。

代码设计：

```
1. import turtle as t              #引入 turtle 模块，别名 t
2. import random as rd             #引入 random 模块
3. bc1=5                           #初始半径为 5
4. t.colormode(255)                #颜色模式设为 255 模式
5. t.color(255,255,255)            #画笔为________色(移动时不描边)
6. t.speed(0)
7. for i in range (30):            #外循环 30 次，一共绘制 30 朵四叶草
8.     t.penup()                   #抬笔
9.     t.right(30)                 #右转 30 度，构造螺旋形图案
10.    t.fd(bc1+5)                 #前进距离 bc1 再增加 5 单位
11.    t.pendown()                 #落笔
12.    t.begin_fill()              #准备填充颜色
13.    t.fillcolor(rd.randint(150,255),rd.randint(150,255),255)
14.    for j in range(4):          #进内循环，循环 4 次绘制一朵四叶草
15.        t.circle(bc1,180)       #绘制半径为 bc1 的半圆
16.        t.left(90)              #左转 90 度
17.    t.end_fill()                #完成填充
18.    bc1=bc1+3                   #为下一次循环做准备,半径+3
19.t.done()
```

运行测试：运行结果如图 6-4 所示。

图 6-4　螺旋四叶草

站点小记：在 fillcolor 设置填充颜色时，三原色模式下取三个 0～255 的随机颜色值时，使用了 random 库的 randint(a,b) 函数。所以每一次运行程序时每朵四叶草的颜色序列都不相同，如(255,255,255)代表白色，(0,0,0)代表黑色，用户可自行调整颜色取值范围。

案例 6-4　计算时间距离

设计一个程序，显示现在时刻距离元旦的时间差。例如，还剩×天×时×分×秒。

问题解析：

可以先取到当前的日期年份加上 1，构造一个明年 1 月 1 日的 datetime 对象。用设定的 datetime 日期减去当前的日期为时间差。

代码设计：

```
1. from datetime import datetime              #引用 datetime 模块
2. nextyear=datetime.now().year+1             #取明年的年份
3. date0=datetime(nextyear,1,1,0,0)           #设定目标时间(明年的元旦)
4. delta=date0-datetime.now()                 #输出时间差
5. day0=delta.days                            #获取相差的天数
6. second0=delta.seconds
7. hour1=second0//3600                        #计算相差的小时数
8. minute1=(second0-hour1*3600)//60           #计算相差的分钟数
9. second1=second0-hour1*3600-minute1*60      #计算相差的秒数
10.print("还剩{}天{}时{}分{}秒".format(day0,hour1,minute1,second1))
```

运行测试：Shell 交互窗口中的运行结果如下(运行结果根据当前时间变化)。

```
>>>
==============RESTART:D:\案例 6-4.py==============
还剩 14 天 1 时 10 分 28 秒
```

站点小记：因为 timedelta 对象只包括 3 种属性(days、seconds、microseconds)，所以无法直接从 timedelta 类对象获取小时、分等信息，只能通过计算得到。其中用总秒数整除 3600 即可得到小时数，再用剩余的秒数整除 60 即可得到分钟数，最后余下的为秒数。

案例 6-5　异常处理

每次获得用户输入的一个数字，可能是浮点数或复数，如果是整数仅接收十进制形式。对输入数字进行平方运算，输出结果。直到用户输入 0 时结束程序，如果输入有误，请给出提示“输入有误”。

问题解析：

(1) 利用异常处理机制 try…except 语句捕捉用户输入的错误数据，并进行对应处理。

(2) 需要多次输入数据，直到输入 0 为止，可以采用 while True 循环。在循环体中使用分支语句判断条件，条件成立则 break。

代码设计：

```
1. while True:                                  #无穷循环
2.     s=input("请输入：")
3.     if s=="0":break                          #若输入 0 则 break
4.     try:                                     #异常处理
5.         if complex(s)==complex(eval(s)):
6.             print(eval(s)**2)
7.     except:
8.         print("输入有误")
```

运行测试： Shell 交互窗口中的运行结果如下。

```
>>>
==============RESTART:D:\ 案例 6-5.py==============
请输入：4
16
请输入：0.5
0.25
请输入：-23
529
请输入：3+4j
(-7+24j)
请输入：0x123
输入有误
请输入：0
```

站点小记：

(1)观察运行结果当用户输入 0x123 时由于字符串中出现了字母 x，进行了异常捕获，输出“输入有误”的异常提示。

(2)类型转换函数 complex()可把数值数据转换为复数，如 complex(1,2)可转换为(1+2j)，complex(1)可转换为(1+0j)。

(3)代码第 5 行常用来判断输入的字符串 s 是否为非十进制数类型(如算式、非十进制数或其他)。形如“0x123”这样的非纯数字字符串是无法参与运 complex()转换的，因为 complex(0x123)表示将一个十六进制数转换为复数，将会产生 ValueError 类型的异常无法进行类型转换。

6.3　冲关任务——循环的高级运用与异常处理

任务 6-1　学习了随机数生成方法，李雷尝试以 123 为随机数种子，随机生成 10 个在 1 到 999(含)之间的随机数，以逗号分隔，打印输出。

任务 6-2　韩梅要找出 1000 以内所有的完全数。完全数(Perfect Number)是一些特殊的自然数。它所有的真因子(即除了自身以外的因子)的和，恰好等于它本身。例如，6，它的所有真因子 1、2、3 的和为 6。

任务 6-3 李雷需要构造一个 10 行 10 列的随机整数方阵(随机整数取值 1～100)，并按每行 10 个数的形式输出。

任务 6-4 老师要求韩梅编程验证哥德巴赫猜想偶数部分，即任何大于 2 的偶数可以写成两个素数之和。例如，8=3+5，16=3+13。输入一个偶数 num，不考虑用户输入其他数据的情况，输出其分解成 2 个素数和的形式。

提示：可以先找到 num 以内的一个素数 x，用这个偶数 num 减去素数 x，判断其差 y 是否也为素数。若是则输出，num=x+y，否则继续循环找下一个素数赋值给 x。

6.4 关 卡 任 务

李雷和韩梅要为某大型超市设计一个保管箱取件码生成程序，当客户在保管箱里放入随身物品时生成一个取件码发给用户，用户凭取件码自行提取物品。取件码的字符包括数字 0～9 和字母 A、B、C、D、E、F、G、H、I、J、K。每次从以上字符串'ABCDEFGHIJK0123456789'中随机取一个字符，重复 6 次，生成一个形如“GK7JI9”的取件码，其中不能有重复的字母或数字字符。生成的取件码信息在 Shell 交互窗口中的显示结果如下：

```
>>>
=========RESTART:D:\6 章关卡任务.py============
当前时间是 2021 年 12 月 17 日 23:44:28
您的验证码是 JA0DGH
```

第7章 元组和列表

老师要求李雷和韩梅完成一个咖啡店会员管理演示程序，功能是实现会员数据的增加、删除、查看操作。因是演示程序，所以其中的会员数据不需要保存到文件或数据库，仅在程序运行过程中存放于内存。

完成上述任务，他们需要学习两种新的数据类型，即元组和列表，学习这两种数据类型的表示方法，以及索引、切片、遍历等操作；在热身加油站补充能量观察并分析各个案例程序，思考如何更好地利用新的数据类型完成对数据的操作和管理；最后利用所学新知识完成关卡任务。

7.1 冲关知识准备——元组和列表的使用规则

1. 序列类型综述

Python 的序列类型非常丰富，包括列表(list)、元组(tuple)、字符串(str)、字节数组(bytes)、队列(deque)、字典(dict)和集合(set)等。

序列类型按照存放的数据类型是否相同分为容器序列和扁平序列；按照能否被修改分为可变序列和不可变序列；按照元素是否有序分为有序序列和无序序列。

实际上容器序列存放的是对象的引用，因此可以存放不同类型的数据，如 list、tuple、deque 等；扁平序列存放的是对象的值，是一段连续的内存空间，所以要求对象必须是相同类型的数据，如 str、bytes 等。

可变序列即允许被修改，包括 list、deque、dict 和 set 等；不可变序列包括 tuple、str、bytes。

有序序列即元素有前后之分，包括 list、str、tuple 等；无序序列包括 dict 和 set。

2. 元组和列表的表示

元组和列表这两种新的数据类型在功能上具有一定的相似性，简言之，元组就是只读的列表。

1)元组的表示

类型一：t=(元素 1,元素 2,…)

类型二：t=tuple([可迭代对象])

元组最外层的圆括号不是必需的，但是为了不引起混淆，多数时候添加，如 t=("red","green",123)；另外元组数据允许嵌套使用，如 t=(("Python","c++"),"is","good!")。使用类型二方法也可表示元组，如 t=tuple(range(5))；t=tuple("apple")。

2)列表的表示

类型一：ls=[元素 1,元素 2, …]

类型二：ls=list([可迭代对象])

如 ls=["red","green",123,"color"]；ls=list(range(3,6))；ls=list("apple")。与元组类似，列表数据也可以嵌套，如 ls=[123,[100,"str",100],"apple"]。

3. 元组和列表的索引、切片

索引、切片不是元组和列表独有的，只要是有序的序列都支持。元组和列表的索引、切片操作类似，主要是通过对下标的引用来完成。

1)索引

索引操作需要对元组或者列表元素进行编号，有正向(从左到右从 0 开始)和反向(从右到左从-1 开始)两套编号体系，可以参照字符串的编号。

索引是获取元组或者列表的单个元素，若元组或列表中的元素仍然是可索引的数据类型，如字符串、列表和元组等，则可继续索引下去，实现层层索引。

假设有元组变量 T，索引的格式如下。

```
T[下标编号]
```

说明：

“下标编号”不可越界。

2)切片

切片是获取元组或列表的 0 个、1 个或多个元素，一般用来获取多个元素，切片后的结果类型不变。与索引类似，元组和列表也能进行逐层切片。元组和列表切片的编号可以越界，但只会在有效的编号元素中进行切片。

假设有列表变量 L，切片的格式如下。

```
L[头下标:尾下标:步长]
```

说明：

“头下标”参数是切片起点索引值，“尾下标”参数是切片终点索引值，但切片结果不包括终点索引值，“步长”参数默认是 1，当步长＜0 时，意味着从右往左取元素。

4. 元组和列表的常用函数

元组和列表的部分通用函数，如表 7-1 所示。

表 7-1 元组和列表的部分通用函数

函数	描述
len(x)	返回元组或者列表 x 的元素个数
max(x)	返回元组或者列表 x 中元素的最大值
min(x)	返回元组或者列表 x 中元素的最小值
sum(x)	返回元组或者列表 x 中所有元素之和
sorted(x[,reverse=False])	对元组或者列表 x 中所有元素升序排列，结果均是列表，reverse=True 表示降序，默认为升序
reversed(x)	元组或者列表 x 中元素反向，此时无法直接显示结果，要想看到结果，需转换成元组或列表显示

此外，还有两个常用的转换函数 tuple 和 list 也属于元组和列表的通用函数，这两个函数分别把其他类型转换为元组或列表类型，表 7-1 中的 reversed 函数就需要和它们结合起来使用，如 list(reversed(x))，这样可反向处理列表，元组则使用 tuple(reversed(x))。

元组和列表的部分常用函数如表 7-2 和表 7-3 所示。使用方法：元组或列表名.函数名([参数])。

表 7-2　元组的常用函数

函数	描述
index(x[,i[,j]])	返回元组中从 i 到 j-1 位置中第一次出现 x 的编号
count(x)	返回元组中出现 x 元素的个数

表 7-3　列表的常用函数

函数	描述
append(x)	在列表最后增加一个元素 x
insert(i,x)	在列表的第 i 序号处增加元素 x
extend(iterable)	在列表中增加 iterable 序列中的元素
pop([i])	删除列表中 i 序号的元素，返回这个元素值，默认最后一个元素
remove(x)	删除列表中出现的第一个元素 x
clear()	删除列表中所有元素
index(x[,i[,j]])	返回列表中从 i 到 j-1 位置中第一次出现元素 x 的序号
count(x)	返回列表中出现 x 的总个数
copy()	复制列表
sort()	直接对列表中元素进行排序，reverse=True 表示降序，无返回值
reverse()	直接对列表元素反向，无返回值

5. 元组和列表的运算

元组和列表的常用运算是相同的，只是数据类型有区别，如表 7-4 所示。

表 7-4　元组和列表的常用运算符

运算符	描述
+	连接运算：按先后顺序连接合并成一个数据
*	重复运算：对数据重复
in、not in	成员运算：元素是否在或不在数据中
>、<、<=、<=、!=、= =	关系运算：大于、小于、大于等于、小于等于、不等于、等于

6. 元组和列表的遍历方法

元组和列表的遍历是通过 for 循环实现的。

格式：

```
for 变量 in 元组变量:
    语句块
```

说明：

依次把元组的每个元素赋予变量进行语句块的操作，其中元组变量可以替换成元组常量、列表变量或列表常量。

7. 列表推导式

格式：

```
列表变量=[表达式 for 变量 in 序列 if 条件]
```

说明：

(1) 对序列元素进行遍历，筛选出满足条件的元素后由产生数据语句产生出新列表元素，最终构造出新列表。格式中可以有多个 for 遍历循环和多个 if 条件，for 遍历循环必有一个，但 if 条件可有可无。

(2) 列表推导式中单个 for 遍历循环等价于以下结构：

```
列表变量=[]
for 循环变量 in 序列:
    if 条件:
        产生数据语句
        列表变量.append(数据)
```

7.2 热身加油站——元组和列表的基本操作

案例 7-1 元组的表示与应用

动物园有很多动物，狮子、老虎、大象、金丝猴、长颈鹿、孔雀等，在这些动物里，小明喜欢狮子、老虎、大象、金丝猴，小花喜欢金丝猴、长颈鹿和孔雀，根据上述材料完成以下任务：

(1) 用元组 animal 来存储这些动物名称。

(2) 分别输出小明和小花喜欢的动物名称。

(3) 输出两人都喜欢的动物名称。

(4) 倒序输出所有动物的名称。

问题解析：

(1) 用元组的表示方法。

(2) 元组的切片和索引。

代码设计：

```
1. animal=("狮子","老虎","大象","金丝猴","长颈鹿","孔雀")#定义元组 animal
2. print(animal[0:4])          #小明喜欢的动物名称，尾下标取不到
3. print(animal[3:])           #小花喜欢的动物名称，冒号后面省略表示取到最后
4. print(animal[3])            #小明和小花都喜欢的动物名称，元组的索引
5. print(animal[::-1])         #倒序输出所有动物名称
```

运行测试：Shell 交互窗口中的运行结果如下。

```
>>>
==================RESTART:D:\案例 7-1.py===================
('狮子','老虎','大象','金丝猴')
('金丝猴','长颈鹿','孔雀')
金丝猴
('孔雀','长颈鹿','金丝猴','大象','老虎','狮子')
```

站点小记：元组的表示方法见代码第 1 行，将每个元素用圆括号括起来，元素之间逗号分隔；切片操作见代码第 2、3、5 行，分别用了头下标和尾下标的正常切片、只有头下标没有尾下标的切片以及头尾下标都省略的倒序；索引操作见代码第 4 行，指定元素的下标。

案例 7-2　列表常用操作 1

老师希望用列表变量 CJ=[67,34,78,90,81,86,103]保存 8 名同学的成绩，但仔细检查后发现有如下两个问题。

问题一：93 分的成绩被错误录入为 103 分。

问题二：遗漏了一名同学的成绩 88 分。

因此，需要对列表做如下处理。

(1) 修改出错的同学成绩。

(2) 增加遗漏的同学成绩。

(3) 输出修改后的列表内容。

(4) 输出列表修改后记录了多少名同学的成绩。

(5) 输出修改后列表中成绩最高分、最低分和平均分(保留 2 位小数)。

(6) 将修改后列表中的成绩由高到低排序输出。

问题解析：

(1) 使用列表的索引和赋值语句结合修改录入错误的同学成绩。

(2) 用列表 CJ.append(x) 追加成绩。

(3) 列表中小组的人数通过输出小组元素个数的方法来输出。

(4) 利用最大值、最小值函数和(总分/人数)的方法求最高分、最低分和平均分。

(5) 利用 sorted 函数从高到低排序。

代码设计：

```
1. CJ=[67,34,78,90,81,86,103]                    #定义列表 CJ
2. CJ[-1]=93                                     #修改错误成绩
3. CJ.append(88)                                 #增加少录入的成绩
4. print("正确的列表为:",CJ)
5. print("小组人数:",len(CJ))
6. print("最高分",max(CJ))
7. print("最低分",min(CJ))
8. print("平均分{:.2f}".format(sum(CJ)/len(CJ)))#输出小组平均分，保留 2 位小数
9. print("小组分数从高到低排序为: ",sorted(CJ,reverse=True))#降序输出小组分数
```

运行测试：Shell 交互窗口中的运行结果如下。

```
>>>
==================RESTART:D:\案例 7-2.py==================
正确的列表为:[67,34,78,90,81,86,93,88]
小组人数:8
最高分 93
最低分 34
平均分 77.12
小组分数从高到低排序为：[93,90,88,86,81,78,67,34]
```

站点小记：本例题中修改元素的值采用直接索引赋值的方式，因为在最后一个，所以用了反向编号，见代码第 2 行；增加少录入的成绩，用了列表的 append 函数，见代码第 3 行；人数、最高分、最低分分别对应于代码第 5～7 行，通过三个函数完成；平均值需要计算，见代码第 8 行；降序输出用 sorted 函数，见代码第 9 行。

案例 7-3 列表常用操作 2

有两个列表分别定义如下。

```
list1=["pear","apple","banana"]
list2=list(range(1,6))
```

按顺序完成如下任务。

(1) 显示 list2 列表中的元素。
(2) 在列表 list1 的"pear"后增加元素"orange"。
(3) 在 list2 最后增加元素 3。
(4) 统计 list2 列表中元素 3 出现的次数。
(5) 删除 list2 列表中第一个出现的元素 3。
(6) 将 list1 和 list2 列表进行合并，生成新的列表 list3 并输出。
(7) 将 list3 中元素反向输出。

问题解析：

(1) 用 list 函数生成列表。
(2) 指定位置增加元素用 insert 函数，最后位置添加元素用 append 函数。
(3) 统计次数用 count 函数，删除元素用 remove 函数。
(4) 合并元素使用“+”运算符。
(5) 反向输出用 reverse 函数。

代码设计：

```
1. list1=["pear","apple","banana"]
2. list2=list(range(1,6))
3. print("list2 的元素是: ",list2)
4. list1.insert(1,"orange")
5. print("增加了"orange"之后的 list1: ",list1)
6. list2.append(3)
```

```
7. print("增加了 3 之后的 list2: ",list2)
8. print("list2 中 3 的个数:",list2.count(3))
9. list2.remove(3)
10.print("删除了第一个 3 之后的 list2: ",list2)
11.list3=list1+list2
12.print("合并后的新列表 list3: ",list3)
13.list3.reverse()
14.print("元素反向后的 list3: ",list3)
```

运行测试：Shell 交互窗口中的运行结果如下。

```
>>>
===================RESTART:D:\案例 7-3.py===================
list2 的元素是：[1,2,3,4,5]
增加了"orange"之后的 list1: ['pear','orange','apple','banana']
增加了 3 之后的 list2: [1,2,3,4,5,3]
list2 中 3 的个数:2
删除了第一个 3 之后的 list2: [1,2,4,5,3]
合并后的新列表 list3: ['pear','orange','apple','banana',1,2,4,5,3]
元素反向后的 list3: [3,5,4,2,1,'banana','apple','orange','pear']
```

站点小记：程序运行的时候按照顺序逐行执行，代码第 1 行和第 2 行是生成列表的两种方法；第 4、6 行是列表添加元素的两种方法，一种插入，一种追加；第 9 行是删除元素的方法；第 11、13 行分别是列表合并元素和元素反向输出的方法。

案例 7-4　列表的赋值与复制

有列表 L1 和列表 L2，对比如下两段代码，请问两段代码输出是否一样，如果不同，怎么解释？

代码设计 1：

```
1. L1=[1024,"程序员",("Python",True),['good!',100]]
2. L2=L1
3. print(L2)
4. L1.clear()
5. print(L2)
```

代码设计 2：

```
1. L1=[1024,"程序员",("Python",True),['good!',100]]
2. L2=L1.copy()
3. print(L2)
4. L1.clear()
5. print(L2)
```

运行测试：

代码设计 1 在 Shell 交互窗口中的运行结果如下。

```
>>>
```

```
==================RESTART:D:\案例 7-4-1.py==================
[1024,'程序员',('Python',True),['good!',100]]
[]
```

代码设计 2 在 Shell 交互窗口中的运行结果如下。

```
>>>
==================RESTART:D:\案例 7-4-2.py==================
[1024,'程序员',('Python',True),['good!',100]]
[1024,'程序员',('Python',True),['good!',100]]
```

站点小记：

(1) 通过观察，第 1 行的输出相同；第 2 行的输出差异很大。代码设计 1 第 2 行是列表的赋值，代码设计 2 第 2 行是列表的复制。代码设计 1 中赋值的结果使得两个列表都指向了同一个对象，是等价关系，所以清空 L1 过后，L2 也就没有元素了；代码设计 2 中利用 copy 函数属于列表的复制，所以清空原来的列表不影响后面的列表。

(2) 如果列表有嵌套元素的增删改，如本例题中的第 4 个元素，就需要用 copy 模块的 deepcopy 函数来解决。

案例 7-5　元组元素拼接

有以下两个元组，分别读出两个元组中的元素，然后将相同位置的元素进行连接操作。

```
T1=("10 月 24 日","程序员","Python"," is")
T2=("是","的节日,","语言"," good!")
```

问题解析：

(1) 分别用两个 for 循环对元组进行遍历，输出两个元组的元素。

(2) for 循环遍历元组中的元素下标，实现相同位置元素的连接。

代码设计：

```
1. T1=("10 月 24 日","程序员","Python"," is")
2. T2=("是","的节日,","语言"," good!")
3. for i in T1:
4.     print(i,end=",")
5. print("\n")
6. for j in T2:
7.     print(j,end=";")
8. print("\n")
9. for k in range(0,len(T1)):
10.    print(T1[k]+T2[k],end="")
```

运行测试：Shell 交互窗口中的运行结果如下。

```
>>>
==================RESTART:D:\案例 7-5.py==================
10 月 24 日,程序员,Python,is,
```

```
是;的节日,;语言; good!;

10月24日是程序员的节日,Python语言 is good!
```

站点小记： for 循环遍历元组，见代码第 3、4 行和第 6、7 行；为了不让所有的数据在一条线上，每个元组所有元素输出后输出一个换行符，见代码第 5、8 行，最后遍历元组下标，见代码第 9、10 行。

案例 7-6　列表推导式

for 循环的列表推导式练习，在横线处填空，使得两段代码完成相同的功能，代码要实现的功能如下。

(1) 将 i^2 存入 x 列表，i 介于 0 到 2 之间。

(2) 将 english 列表中低于 60 的分数加 10 分放入 y 列表。

(3) 用 z 列表初始化一个 3×2 的矩阵。

问题解析：

(1) 针对列表推导式的格式，分析三个因素：条件、遍历序列和产生数据的语句。

(2) 条件的描述 x＜60。

(3) 矩阵的初始化通过双重循环给列表元素赋值，将结果追加到列表中。

代码设计 1：

```
1. x=[i**2 for i in range(3)]
2. print(x)
3. english=[34,45,65,55,21,77,85,92]
4. y=[x+10 for x in english if x<60]
5. print(y)
6. z=[(0,0)for i in range(3)for j in range(2)]
7. print(z)
```

代码设计 2：

```
1. #横线处填空，实现和以上代码同样的功能
2. x=[]
3. for i in range(3):
4.        ____________          #给 x 列表写入值
5. print(x)
6. y=[]
7. english=[34,45,65,55,21,77,85,92]
8. for x in english:
9.     if ____________:          #设置条件
10.         ____________          #给 y 列表写入值
11.print(y)
12.z=[]
13.for i in range(3):
14.    for j in range(2):
15.         ____________          #给 z 列表写入值
```

```
16.print(z)
```

运行测试：Shell 交互窗口中的运行结果如下。

```
>>>
==================RESTART:D:\案例 7-6.py==================
[0,1,4]
[44,55,65,31]
[(0,0),(0,0),(0,0),(0,0),(0,0),(0,0)]
```

站点小记：根据代码设计 1 第 1 行，可知列表 x 追加的元素，便可在代码设计 2 第 4 行用 append 函数实现对应的元素增加。依据代码设计 1 第 4 行，可得列表 y 中追加的元素以及条件，相应地在代码设计 2 第 8～10 行替换成 for 循环实现。代码设计 2 第 13～15 行是嵌套循环，对应实现了代码设计 1 第 6 行向 z 列表添加元组的功能。

案例 7-7　列表在元件测试中的运用

芯片测试过程描述：

(1) 有 n(2≤n≤20) 块芯片，已知好芯片比坏芯片多。

(2) 每个芯片都能用来测试其他芯片。好芯片测试其他芯片时，能正确给出被测试芯片是好还是坏的信息。

(3) 坏芯片测试其他芯片时，会随机给出测试结果，此结果与被测试芯片实际的好坏无关。

(4) 给出所有芯片的测试结果，问哪些芯片是好芯片。

(5) 程序设计时，输入数据第 1 行为一个整数 n，表示芯片个数。

(6) 第 2 行到第 n+1 行为 n×n 的一张表，每行 n 个数据。表中的每个数据为 0 或 1，第 i 行第 j 列的数据表示用第 i 块芯片测试第 j 块芯片时得到的测试结果，1 表示好，0 表示坏，i=j 时一律为 1(并不表示该芯片对本身的测试结果，芯片不能对本身进行测试)。

问题解析：

(1) 已知好的芯片数比坏的芯片数多，所以好的芯片每行 1 的个数要大于 0 的个数，也就是说 1 的个数要超过一半。

(2) 用列表推导式给 ls 列表初始化以及改变元素类型。

(3) 第 i 行第 j 列的数据表示，用第 i 块芯片测试第 j 块芯片时得到的测试结果。由于列表的表示方法从 0 开始编号，所以程序中依次对 j = 0 到 j = n−1 扫描，针对第 i 行的数据求出 1 的个数，最后输出 j+1 为正确的芯片列号。

代码设计：

```
1. n=int(input())
2. if 1<n<21:  #2<=n<=20
3.     ls=[[]for i in range(n)]
4.     for i in range(n):
5.         ls[i]=[int(j)for j in input().split()]
6.     for j in range(n):
7.         s=0  #计数
8.         for i in range(n):
```

```
9.          if ls[i][j]==1:
10.            s+=1
11.         if s>int(n/2):    #1 的数量超过一半就代表超过了 0 的数量
12.            print(j+1,end=" ")
```

运行测试：Shell 交互窗口中的运行结果如下。

```
>>>
==================RESTART:D:\案例 7-7.py==================
3
1 0 1
0 1 0
1 0 1
1 3
```

站点小记：

(1)本例题的重点在分析芯片的测试要求，将问题转化成判断矩阵元素每一列上 1 的数目问题。

(2)输入芯片的个数 n，n 在 2～20，初始化列表 ls，ls 中每个元素都是空列表，见代码第 3 行；代码第 4、5 行，每次循环从键盘输入一行数据并且用空格分隔，然后转为整型数据，成为列表 ls 中的一个元素，见代码第 5 行，当循环结束，列表中所有元素被赋值；以列为遍历的外循环，行为内循环，对这一列中的所有元素一一遍历，如果元素为 1，增加到 s 变量中，见代码第 6～10 行；如果 1 的数量超过芯片数量的一半，认为这个芯片是好的，返回列号。由于遍历时 j 从 0 开始，所以列号加 1，见代码第 11、12 行，这轮判断结束，继续判断下一列，当循环结束，所有满足条件的列号都能输出。

案例 7-8　列表操作综合运用

根据下面的程序段，在横线上填空。

```
1. a=[1,3,5,7,9,11]
2. b=[13,15,17]
3. c=a+b
4. print(c)                      #c 列表的输出结果是____________
5. b[0]=-1
6. d=[e+1 for e in a]
7. print(d)                      #d 列表的输出结果是____________
8. del b[1]                      #删除了 b[1]后的 b 列表变成了________
9. d.append(b[0]+1)
10.d.append(b[-1]+1)
11.print(d[-2:])                 #d 列表的输出结果是____________
12.print(a)                      #a 列表的输出结果是____________
13.print(b)                      #b 列表的输出结果是____________
14.for e1 in a:
15.    for e2 in b:
16.        print(e1+e2,end=",")
17.#最后的输出是__________
```

站点小记：本例题综合考察了列表的连接、推导式、函数和遍历等知识点，代码第 3 行考察列表的连接，第 5 行修改 b 列表元素，第 6 行列表推导式的应用，对 a 列表中所有元素加 1，第 8 行删除 b 列表元素，第 9、10 行考察 b 列表的元素追加操作，最后通过双重 for 循环，将 a 列表中每个元素与 b 列表中所有元素的和输出，见代码第 14～16 行。

案例 7-9 列表元素的删除

代码设计 1：

```
1. a=["a","b","c","d"]
2. b=["c","d","e","f"]
3. for x in a:
4.     if x in b:
5.         a.remove(x)
6. print(a)          #输出结果
```

代码设计 2：

```
1. a=["a","b","c","d"]
2. b=["c","d","e","f"]
3. for x in b:
4.     if x in a:
5.         a.remove(x)
6. print(a)          #输出结果
```

两段代码只有第 3、4 行有差异，仔细想一下各自输出什么？会是完全相同的吗？来看看各自的输出结果。

运行测试：

代码设计 1 在 Shell 交互窗口中的运行结果如下。

```
>>>
=================RESTART:D:\案例 7-9-1.py=================
['a','b','d']
```

代码设计 2 在 Shell 交互窗口中的运行结果如下。

```
>>>
=================RESTART:D:\案例 7-9-2.py=================
['a','b']
```

站点小记：代码设计 1 在遍历到字符“c”时，删除了“c”，修改了正在遍历的列表 a，此时循环变量 x 的值仍然是“c”，但是 a 列表中已经没有“c”的存在，循环结束。代码设计 2 遍历 b 列表，a、b 列表共有的字符“c”和“d”被删除。建议大家用调试程序单步执行查看结果。

案例 7-10 字典序最小问题

给定一个字符串，剔除任意 n 个字符后，输出剩下的字符或字符串按字典顺序的最小序列。其中，n 小于字符串长度。

问题解析：

(1) 每次外循环执行一次，内循环执行 s 次，每次剔除一个字符，追加到列表中，然后求这组元素的最小值。

(2) s 字符串发生变化后，继续 while 外循环，重复上述过程。

(3) 最后 s 中存放了最小值。

代码设计：

```
1. s=input("请输入任意一个字符串：")
2. n=int(input("请输入剔除的字母个数："))
3. while n>0:
4.     d=0
5.     ls=[]
6.     n=n-1
7.     for i in range(len(s)):
8.         ls.append(s[:d]+s[d+1:])
9. #剔除掉每个字符一次，然后寻找序列最小值,将序列值存到 ls 里面
10.        d=d+1
11.    s=min(ls)
12.print("剩下最小的序列为：",s)
```

运行测试：Shell 交互窗口中的运行结果如下。

```
>>>
==================RESTART:D:\案例 7-10.py==================
请输入任意一个字符串：dictionary
请输入剔除的字母个数：6
剩下最小的序列为： cary
```

站点小记：

(1) 本例题解决方法比较巧妙，通过字符串的切片来解决问题，特别注意这个过程中的 s 字符串在发生变化。

(2) 比如有字符串"bags"，假设 n=3，while 的第一次外循环，在内循环 for 循环中，依次剔除了每一个字符，然后存入 ls 中，ls=["ags","bgs","bas","bag"]，同时求出这些元素的最小值 s="ags"；while 的第二次循环，for 循环每次剔除一个字符，然后存入 ls 中，ls=["gs","as","ag"]，同时求出这些元素的最小值 s="ag"；while 的第三次循环，for 循环每次剔除一个字符，然后存入 ls 中，ls=["g","a"]，同时求出这些元素的最小值 s="a"，然后外循环结束，此时 s 中就是剔除 3 个字符后的最小值。这个过程见代码第 7～11 行，输出 s 即为满足条件的最小值。

7.3 冲关任务——元组和列表的运用

任务 7-1 在登录一些网站时，我们常需要输入随机验证码，李雷想用所学知识模拟生

成随机验证码，验证码的生成规则是：在英文大小写 26 个字母、数字 0～9 和特殊字符“!_@#%$ ”中间生成 10 个 8 位的随机密码，为了密码安全性更高，要求字符“!_@#%$”在生成的密码中有且只有一个，且位置在最后。请大家帮李雷实现这个功能吧！

提示：建议用列表中 for 循环递推式来描述各类字符，减少输入的工作量以及增加程序的可读性，使用 random 库使得密码字符随机出现，特殊字符单独处理。

任务 7-2 有两个列表，分别是 rm 和 cl，内容如下：

```
rm=["韩梅","张桥","李雷","王菲"]                #人名
cl=["玉米","红薯","土豆","小米"]                #和人名一一对应，爱吃的粗粮
```

完成如下任务：

(1) 请输出“韩梅爱吃玉米”等所有对应关系。

(2) 删除任意人名且同时删除对应的粗粮，如果人名不存在，提示出错。

(3) 请输出剩下的人名和对应的粗粮，如删除“王菲”，剩下“韩梅和玉米”等其他数据。

提示：删除时建议用 remove 和 pop 函数。

任务 7-3 韩梅接到一个任务，模拟多用户登录某系统。输入账号和密码，验证账号密码的匹配情况，账号如果不存在，提示“账号出错了！”；账号正确，密码错误，提示“密码有问题！”；登录成功输出“恭喜，欢迎使用！”

预设几个登录成功的账号密码：

账号：xiaohan　　密码：maocai

账号：hanmei　　密码：suancaiyu

账号：xiaomei　　密码：huiguorou

请大家帮助韩梅模拟登录过程！

提示：使用 index 函数匹配账号与密码。

7.4 关卡任务

李雷和韩梅要完成一个咖啡店会员管理演示程序，演示版不需要用文件或数据库存放会员信息，会员数据只在程序运行中存放于内存。会员管理系统内容：1.添加会员信息　2.删除会员信息　3.查看会员信息　4.退出会员管理。初始的会员名用列表记录为：

```
users=["韩小梅","张波","刘一飞"]
```

对应的密码用列表记录为：

```
passwords=["han123","bozai100","fish001"]
```

管理员账户的用户名为"admin"，密码为"LL_123"。

程序要实现如下功能(程序运行效果参考图 7-1～图 7-3)：

(1)用管理员账户登录系统，登录成功后，进入会员管理，通过输入数字 1～4，选择对应的会员管理功能，输入数字不在 1～4 范围内，提示重新输入；如果管理员账户密码出错，则提示用户不存在。

(2)选择 1，需要查看是否已经有会员信息，与初始会员信息比对，如果没有就分别添加用户名和随机生成的密码(8 位，来自英文大小写 26 个字母、数字 0 到 9)到列表 users 和 passwords 中；如果存在就提示出错。

(3)选择 2，同样要判断用户是否存在，如果不存在则报错；如果存在则找出对应用户的索引值，通过索引值删除。

(4)选择 3，查看指定会员信息或者所有会员信息。用户可以选择查看所有会员信息还是指定会员。

(5)选择 4，退出会员管理。

```
用户名:admin
密码:LL_123
***********管理员登陆成功************
                1. 添加会员信息
                2. 删除会员信息
                3. 查看会员信息
                4. 退出会员管理
请输入1~4的编号:1
************添加会员信息************
用户名:王菲
添加信息成功!
请输入1~4的编号:3
是否查看全部会员，请回答是或者否：是
***********查看全部会员信息***********
用户名:韩小梅 密码:han123
用户名:张波 密码:bozai100
用户名:刘一飞 密码:fish001
用户名:王菲 密码:0bWKap2c
请输入1~4的编号:
```

图 7-1　执行程序功能 1、3 效果

```
用户名:admin
密码:LL_123
***********管理员登陆成功************
          1.添加会员信息
          2.删除会员信息
          3.查看会员信息
          4.退出会员管理
请输入1~4的编号:1
************添加会员信息************
用户名:韩小梅
添加失败，该会员信息已经存在!
请输入1~4的编号:5
请输入1到4
请输入1~4的编号:2
************删除会员信息************
用户名:张峰
删除失败，无此会员信息!
请输入1~4的编号:
```

图 7-2　执行程序功能 1、5、2 效果

```
用户名:admin
密码:LL_123
***********管理员登陆成功************
          1.添加会员信息
          2.删除会员信息
          3.查看会员信息
          4.退出会员管理
请输入1~4的编号:2
************删除会员信息************
用户名:张波
删除会员成功!
请输入1~4的编号:3
是否查看全部会员，请回答是或者否：否
请输入要查找的会员名：张波
该会员不存在
请输入1~4的编号:3
是否查看全部会员，请回答是或者否：是
***********查看全部会员信息***********
用户名:韩小梅 密码:han123
用户名:刘一飞 密码:fish001
请输入1~4的编号:
```

图 7-3　执行程序功能 2、3 效果

第8章 集合和字典

李雷和韩梅帮学校老师整理通讯录，实现一个通信录管理演示程序。因为是演示程序，所以其中的通讯录数据不需要保存到文件或数据库，仅在程序运行过程中存放于内存。但是之前所学的数据类型(元组、列表)不能方便地存储老师的姓名和联系方式，对于联系方式的增、删、改操作也很麻烦。老师要求他们找出一种便于处理通讯录数据的新方法。

完成上述任务，他们需要学习两种新的数据类型——集合和字典，学习他们的表示方法、操作、运算、遍历等；在热身加油站补充能量观察并分析各个案例程序，思考如何更好地利用新的数据类型完成对数据的操作和管理；最后利用所学知识完成关卡任务。

8.1 冲关知识准备——集合和字典的使用规则

1. 集合类型及其操作

1)集合的特点与表示

(1)集合的特点。①由不同元素构成，不可重复。②元素无序，输出结果随机。③只能存放不可变数据类型，包括数字、字符串和元组等。

(2)集合的表示。

类型一：s={元素 1,元素 2,…}

类型二：s=set([可迭代对象])

例如，s={"a","b",100}；s=set("apple")；s=set(range(5))。若执行 s={} ，则表示 s 的是字典类型，而不是集合类型；若要表示空集合，采用 s=set()。

2)集合的常用函数和操作

集合的常用函数如表 8-1 所示，常用操作如表 8-2 所示。

表 8-1　集合的常用函数

函数	描述
len(j)	返回集合 j 的元素个数
set([iterable])	将 iterable 序列转换为集合，若无 iterable 则表示空集合
max(j)	返回集合 j 中最大的元素
min(j)	返回集合 j 中最小的元素
sum(j)	返回集合 j 中所有元素的和
sorted(j[,reverse=False])	对集合 j 中所有的键升序排列，结果是列表 reverse=True 表示降序，默认升序

表 8-2 集合的常用操作

功能(以集合 j 为例)	描述
j.add(x)	添加元素 x 到集合中
j.update(*iterables)	将另外的一个序列或多个序列的元素添加到集合中
j.remove(x)	删除集合中的元素 x，若该元素不在集合中则程序出错
j.discard(x)	删除集合中的元素 x，若该元素不在集合中则什么都不做
j.pop()	删除集合中一个元素，返回值为这个元素
j.clear()	删除集合中所有元素
j.copy()	复制集合

若需要删除集合则用 del 语句。

格式：

```
del 集合1[,集合2,…]
```

说明：可一次删除一个集合，也可一次删除多个集合。例如，存在集合 s 和 t，del s,t 可以删除这两个集合。

3)集合的运算与遍历

在 Python 中，集合的运算和数学的集合运算比较接近，如表 8-3 所示。

表 8-3 集合的常用运算

运算	描述
in、not in	集合的成员运算，元素是否在或不在数据中
A==B 或 A!=B	返回 True/False，判断 A 和 B 的相同关系
A<=B 或 A<B	返回 True/False，判断 A 和 B 的子集关系
A>=B 或 A>B	返回 True/False，判断 A 和 B 的包含关系
A|B	并，返回一个新集合，包括在集合 A 和 B 中的所有元素
A&B	交，返回一个新集合，包括同时在集合 A 和 B 中的元素
A-B	差，返回一个新集合，包括在集合 A 但不在 B 中的元素
A^B	补，返回一个新集合，包括集合 A 和 B 中的非相同元素
A|=B 等价于 A=A|B	并，更新集合 A，包括在集合 A 和 B 中的所有元素
A&=B 等价于 A=A&B	交，更新集合 A，包括同时在集合 A 和 B 中的元素
A-=B 等价于 A=A-B	差，更新集合 A，包括在集合 A 但不在 B 中的元素
A^=B 等价于 A=A^B	补，更新集合 A，包括集合 A 和 B 中的非相同元素

集合的遍历与列表和元组类似，也是通过 for 循环实现的。

格式：

```
for 变量 in 集合变量或集合常量:
    语句块
```

说明：

依次把集合的每个元素赋予变量进行语句块的操作。

2. 字典类型及其操作

1) 字典的特点与表示

(1) 字典的特点。①字典是无序的，不能通过索引取字典元素，只能通过键值对。②键值对中的键必须是不可变数据类型(字符串、数字、元组)，键不能重复，如果重复，最后的一个键值对会替换前面的。③键值对中的值可以是任意数据类型，值可以重复。

(2) 字典的表示。

类型一：d={键 1:值 1,键 2:值 2…}

类型二：d=dict([可迭代对象])

类型一中字典的元素是键值对，键和值之间用英文冒号“:”隔开，元素之间用英文逗号“,”隔开，如 d={"a":100,"b":200,"c":300}，特别注意空字典用{}表示。

类型二中 dict 函数的参数若是多个参数，则多个参数均是按关键字传递的参数；若是一个参数则必须是一个序列，序列可以是元组、列表、集合等，序列中的每个元素必须是带两个元素的序列，每个元素中的第一个元素转换成键，第二个元素转换成值。例如，d=dict(a=100,b=200,c=300) 等价于 d=dict([("a",100),("b",200),("c",300)])。

2) 字典键的索引与运算

字典键的索引指的是通过键去获取其对应的值。

格式：

```
字典名[键]
```

说明：

若键存在，则返回键对应的值；若键不存在，则提示出错。例如，字典 d={"a":100,"b":200,"c":300},d["a"]返回对应值 100。

字典的运算主要包括成员运算和关系运算两类，如表 8-4 所示。

表 8-4　字典的运算

运算符	描述
in、not in	成员运算符：键是否在字典中
!=、==	关系运算符：不等于、等于

3) 字典的常用函数和操作

字典的常用函数如表 8-5 所示，常用操作如表 8-6 所示。

表 8-5　字典的常用函数

函数	描述
len(d)	返回字典 d 的元素个数
dict(y)	将 y 转换为字典
max(d)	返回字典 d 中最大的键
min(d)	返回字典 d 中最小的键
sum(d)	返回字典 d 中所有键的和
sorted(d[,reverse=False])	对字典 d 中所有的键升序排列，结果是列表 reverse=True 表示降序，默认升序
reversed(d)	字典中键反向，结果需转换成列表或元组显示

表 8-6　字典的常用操作

操作（以字典 d 为例）	描述
d.items()	返回字典中的所有键值对，键值对变元组
d.keys()	返回字典中的所有键
d.values()	返回字典中的所有值
d.fromkeys(seq[,value])	创建一个新字典，以序列中的元素做字典的键，键的值都为 value，若无 value 则都为 None
d.update(d1)	把字典 d1 的元素添加到另外一个字典里
d.setdefault(key[,value])	返回指定键 key 对应的值，若键不在字典 d 中则返回 value，同时也将会添加键值元素进字典中
d.get(key[,value])	返回指定键 key 对应的值，若键不在字典中则返回 value，若无 value 则返回 None
d.pop(key[,value])	删除字典给定键 key 所对应的元素，返回 key 对应的值，若键不在字典中，则返回 value，若无 value 程序出错
d.popitem()	删除字典中一个元素，返回值为键值对元组
d.clear()	删除字典中所有元素
d.copy()	复制字典

和集合类似，删除字典和字典元素，需要使用 del 语句。

格式：

```
del 字典1[,字典2,…]                    #删除字典
del 字典1[键1][,字典2[键2],…]          #删除字典中元素
```

说明：

(1)可一次删除一个字典，也可一次删除多个字典。

(2)del 语句是通过键索引去删除键对应的元素，可一次删除一个元素，也可一次删除多个元素，若键不存在则程序出错提示异常。

4)字典的遍历

字典的遍历是通过 for 循环实现，分为四种情况：遍历字典的键、遍历字典的值、遍历字典的项和遍历字典的键值对。

(1)遍历字典的键 key。

格式：

```
for 变量 in 字典变量或字典常量.keys():
    语句块
```

说明：依次把字典的每个键赋予变量进行语句块的操作。字典变量或字典常量.keys()写成字典变量或字典常量，直接对字典变量或常量遍历实际上就是对键的遍历。

(2)遍历字典的值 value。

格式：

```
for 变量 in 字典变量或字典常量.values():
    语句块
```

说明：依次把字典的每个值赋予变量进行语句块的操作。

(3)遍历字典的项。

格式：

```
for 变量 in 字典变量或字典常量.items():
    语句块
```

说明：依次把字典的每一项以元组的形式赋予变量进行语句块的操作。

(4)遍历字典的项(key 和 value)。

格式：

```
for (key,value)in 字典变量或字典常量.items():
    语句块
```

说明：依次把字典的每一项以元组的形式赋予变量进行语句块的操作。

3. jieba 库

jieba 是第三方库中一款优秀的分词模块，可以将文档、句子按词进行切割。若没有安装 jieba，则需要先在 cmd 窗口执行 pip install jieba 命令。

(1)jieba 分词的三种模式。

精准模式：把文本精准地分开，不存在冗余。

全模式：把文中所有可能的词语都扫描出来，存在冗余。

搜索引擎模式：在精准模式的基础上，再次对长词进行切分。

(2)jieba 模块的常用函数，如表 8-7 所示。

表 8-7　jieba 模块的常用函数

函数	描述
cut(s)	精确模式，返回一个可迭代的数据类型
cut(s,cut_all=True)	全模式，输出文本 s 中所有可能单词
cut_for_search(s)	搜索引擎模式，适合搜索引擎建立索引的分词结果
lcut(s)	精确模式，返回一个列表类型，建议使用
lcut(s,cut_all=True)	全模式，返回一个列表类型，建议使用
jieba.lcut_for_search(s)	搜索引擎模式，返回一个列表类型，建议使用
add_word(w)	向分词词典中增加新词 w

8.2　热身加油站——集合和字典的基本操作

案例 8-1　集合的表示与基础运用

在两个购物袋中，装满了包括橘子、香蕉、苹果、火龙果、草莓、橙子、车厘子等品种的水果。任务要求如下。

(1)分别用两个集合将两个购物袋中的水果品种表示出来。

(2)将两个购物袋中的水果品种合并摆放。

(3)统计一共有多少个品种。

(4) 拿走车厘子后，检查车厘子是否还在集合中，同时查看还剩下的水果品种。
(5) 又放入一个哈密瓜，输出此时的水果品种。

问题解析：

(1) 用两个集合分别存放两个购物袋中的水果品种。
(2) 将两个集合合并，同时利用集合的去重功能。
(3) 用集合的 len 函数求数量。
(4) 集合的成员运算。
(5) 删除、添加元素操作函数。

代码设计：

```
1. bag1={"香蕉","橘子","火龙果","橙子"}
2. bag2={"车厘子","草莓","橙子","火龙果"}
3. bag=bag1|bag2             #求两个集合的并集，同时利用集合的特点去重
4. print("水果品类有：",bag)
5. print("水果有{}种".format(len(bag)))
6. bag.remove("车厘子")
7. print("车厘子还在吗？","车厘子" in bag)
8. print("拿走车厘子后的水果品种有：",bag)
9. bag.add("哈密瓜")
10.print("放入哈密瓜后的水果品种有：",bag)
```

运行测试： Shell 交互窗口中的运行结果如下。

```
>>>
==================RESTART:D:\案例 8-1.py==================
水果品种有： {'车厘子','火龙果','香蕉','橘子','草莓','橙子'}
水果有 6 种
车厘子还在吗？ False
拿走车厘子后的水果品种有： {'火龙果','香蕉','橘子','草莓','橙子'}
放入哈密瓜后的水果品种有： {'火龙果','香蕉','橘子','草莓','哈密瓜','橙子'}
```

站点小记： 本例题考察集合的定义方法，见代码第 1、2 行，集合的并集运算，见代码第 3 行，由于集合本身元素不能重复，所以合并的同时去掉了重复元素；求集合元素数量的函数，见代码第 5 行；集合的成员运算，见代码第 7 行；集合元素的添加删除，见代码第 6、9 行。

案例 8-2　集合元素唯一性的运用

用户输入两个正整数 m 和 n，其中 m 作为随机数种子。随机产生 n 个 0～9 的整数，以字符形式加入列表。完成以下任务。

(1) 输出 n 个字符的列表。
(2) 去掉列表中的重复元素。
(3) 分别输出每个元素的值，以“;”隔开。
(4) 升序输出去重后的所有元素。

问题解析：

(1) 调用 random 库随机生成数字字符。

(2) 使用 set 函数删除列表中的重复元素。

(3) 用 sorted 函数对集合元素进行升序排序。

代码设计：

```
1. import random
2. m=int(input())
3. n=int(input())
4. random.seed(m)
5. ls=[]
6. for i in range(n):
7.     ls.append(random.choice('0123456789'))  #随机产生 n 个数字，加入列表
8. print(ls)
9. s=set(ls)                                   #将列表转换为集合
10.for i in s:
11.    print(i,end=";")
12.print()                                     #print 空语句使得后面的输出换行
13.print(sorted(s))                            #升序输出集合中的所有元素
```

运行测试：

第 1 次测试：Shell 交互窗口中的运行结果如下。

```
>>>
==================RESTART:D:\案例 8-2.py==================
1
10
['2','9','1','4','1','7','7','7','6','3']
9;6;2;7;4;1;3;
['1','2','3','4','6','7','9']
```

第 2 次测试：Shell 交互窗口中的运行结果如下。

```
>>>
==================RESTART:D:\案例 8-2.py==================
2
10
['0','1','1','5','2','4','4','9','3','9']
2;3;0;4;1;5;9;
['0','1','2','3','4','5','9']
```

站点小记：由于使用了 random 库，所以给出了两次测试的情况。使用集合不重复的特点巧妙删除列表中的重复元素，见代码第 9 行；同时遍历该集合输出每个成员，见代码第 10、11 行，利用 sorted 函数排序，见代码第 13 行。

案例 8-3　利用字典统计成绩

李雷所在小组成员的考试成绩，张强：88；黎明：78；郑浩：90；李雷：92；赵林：

65；王峰：77，小组长李雷要对成绩做如下处理。

(1)创建空字典 grades。

(2)将姓名和成绩加入 grades 并输出。

(3)输出后发现小组的新同学王刚信息漏掉了，需要添加一个数据，“王刚”：75。

(4)核对后发现赵林的成绩输入有误，正确的是 85。

(5)输出王刚和赵林的成绩，查看是否正确。

(6)统计该字典中一共几名同学。

问题解析：

(1)初始化字典，输入字典成员。

(2)添加成员、修改成员信息以及统计字典元素数量。

代码设计：

```
1. grades={}              #创建空字典
2. grades={"张强":88,"黎明":78,"郑浩":90,"李雷":92,"赵林":65,"王峰":77}
3. print(grades)
4. grades["王刚"]=75    #字典中不存在的键直接添加键值对
5. grades["赵林"]=85    #字典中已经存在的键，修改值
6. print("王刚的成绩为:",grades["王刚"],"赵林的成绩为:",grades.get("赵林"))
7. print("一共{}名同学".format(len(grades)))
```

运行测试：Shell 交互窗口中的运行结果如下。

```
>>>
==================RESTART:D:\案例 8-3.py==================
{'张强':88,'黎明':78,'郑浩':90,'李雷':92,'赵林':65,'王峰':77}
王刚的成绩为： 75 赵林的成绩为： 85
一共 7 名同学
```

站点小记：判断字典中元素是添加还是修改值，主要看键是否存在，见代码第 4、5 行；输出字典中键对应的值，用 get 函数求解，见代码第 6 行；输出学生人数也就是字典的元素个数，用 len 函数，见代码行第 7 行。

案例 8-4 集合综合操作

有两个集合，s 和 t，分别如下所示。

s={"a","b","c","d","e"}　　t=set("apple")

要求做如下处理。

(1)给 s 集合中增加一个元素"app"。

(2)删除 t 集合中一个元素"l"。

(3)输出此时的 s 和 t 集合。

(4)输出 s 和 t 集合的并集、交集、差集、补集。

(5)将 s 集合中的所有元素连接成字符串输出。

问题解析：

(1)集合元素的增加、删除。

(2)集合的运算。

(3)集合的遍历。

代码设计：

```
1. s={"a","b","c","d","e"}
2. t=set("apple")
3. s.add("app")
4. t.discard("l")        #此处也可以用 remove 函数
5. print("s 集合：",s)
6. print("t 集合：",t)
7. print("s 和 t 的并集是：",s|t)
8. print("s 和 t 的交集是：",s&t)
9. print("s 和 t 的差集是：",s-t)
10. print("s 和 t 的补集是：",s^t)
11. s1=""
12. for i in s:
13.     s1=s1+i
14. print("集合 s 中所有元素拼接到一起的字符串是：",s1)
```

运行测试：Shell 交互窗口中的运行结果如下。

```
>>>
==================RESTART:D:\案例 8-4.py==================
s 集合： {'a','e','c','b','app','d'}
t 集合： {'a','p','e'}
s 和 t 的并集是： {'a','p','e','c','app','b','d'}
s 和 t 的交集是： {'a','e'}
s 和 t 的差集是： {'c','b','app','d'}
s 和 t 的补集是： {'p','c','b','app','d'}
集合 s 中所有元素拼接到一起的字符串是： aecbappd
```

站点小记：特别注意 remove 和 discard 的区别，若 remove 要删除的数据在集合中不存在，则提示出错，discard 不会提示错误，什么都不做；这个例题两个均可以使用。例如，将代码第 4 行替换成 t.remove ("l")。

案例 8-5　字典模拟用户登录

完成模拟用户登录程序。有如下字典：dict={'admin':'20220101','administrator':'20221111','zhang':'19801982','zhaoshan':'20211202'}，要求用户从键盘输入用户名和密码，分两行输入，当输入的用户名与密码和字典中的键值对匹配时，输出“登录成功”，否则“登录失败”，登录失败时允许重复输入三次。

问题解析：

(1)使用循环结构控制输入次数。

(2)判断输入的用户名是否在字典中，同时要核对该用户名对应的密码是否相同，注意密码的获取方式。

代码设计：

```
1. dict={'admin':'20220101','administrator':'20221111',\
2.       'zhang':'19801982','zhaoshan':'20211202'}
3. num=0   #循环次数
4. while num<3:
5.     username=input()
6.     password=input()
7.     if username in dict.keys()and password==dict[username]:
8.         print("登录成功")
9.         break
10.    else:
11.        print("登录失败")
12.        num+=1
```

运行测试：

第 1 次测试：Shell 交互窗口中的运行结果如下。

```
>>>
==================RESTART:D:\案例 8-5.py==================
zhaoshan
20211202
登录成功
```

第 2 次测试：Shell 交互窗口中的运行结果如下。

```
>>>
==================RESTART:D:\案例 8-5.py==================
admin
20221111
登录失败
zhan
19801982
登录失败
administrator
20220101
登录失败
```

站点小记：登录问题是对字典键值对的匹配，用户名和字典的键一致，然后判断密码和字典键对应的值是否一致，该判断对应代码第 7 行。输出结果有两种可能性，给了两组测试结果；最后 while 循环也可以改用 for 循环实现，用 for i in range(3) 设置测试的次数，此时不需要再设置计数变量。

案例 8-6　结合字典统计字符出现频率

任意输入一个字符串，统计并输出每个字符出现的次数。

问题解析：

(1) 创建一个空字典 dic，逐一将字符串中的字符取出，如果第一次出现的字符，get 函数的结果是默认值 0，然后加 1 存放到字典中；否则 get 函数取出对应的值，然后加 1 存入字典。

(2) 遍历字典 dic，输出每个字符出现的次数。

代码设计：

```
1. str=input("请任意输入一个字符串：")
2. dic={}                                        #字典 dic 用于存储统计结果
3. for i in str:
4.     dic[i]=dic.get(i,0)+1
5. for key,value in dic.items():                 #输出每个字符出现的次数
6.     print("{}的个数是:{}".format(key,value))
```

运行测试：Shell 交互窗口中的运行结果如下。

```
>>>
==================RESTART:D:\案例 8-6.py==================
请任意输入一个字符串：hello,world!
h 的个数是:1
e 的个数是:1
l 的个数是:3
o 的个数是:2
,的个数是:1
w 的个数是:1
r 的个数是:1
d 的个数是:1
!的个数是:1
```

站点小记：通过遍历字符串，将字符串中的字符以及出现的次数添加到字典中，构成字典的元素，这个过程通过 get 函数来完成，见代码第 3、4 行；将字典中的数据以字符串形式输出，是通过遍历字典的项目来实现，见代码第 5、6 行。

案例 8-7　结合字典统计单词出现频率

任意输入一段英文文章，统计并输出英文单词出现频率最高的前五个单词。

问题解析：

(1) 将输入的英文文章分成单独的单词，实现分词的方法是把所有标点符号替换成空格，然后使用字符串的 split 函数按空格分隔。

(2) 构造字典，字典中单词为键，单词数量为值。

(3) 把字典中键值对转成列表进行排序。

(4) 输出出现频率最高的五个单词，也就是列表中的前五个元素。

代码设计：

```
1. s=input("请任意输入一段英文文章:")
2. s1=",!#+-.>@~{}|'?/%$^&*();<\[]"
```

```
3. for i in s1:                    #把英文标点符号替换成空格
4.     s=s.replace(i,' ')
5. words=s.split()                 #单词列表
6. dic={}                          #字典 dic 存放统计结果
7. for i in words:                 #将单词和数量存放到字典 dic
8.     dic[i]=dic.get(i,0)+1
9. ls=list(dic.items())            #将字典转换为列表,其中每个元素都是一个元组
10.ls.sort(key=lambda x:x[1],reverse=True)
11.#对列表 ls 按元组的第二个元素即单词数量降序排列
12.for i in range(5):              #输出单词数量最高的前五名
13.    word,count=ls[i]
14.    print("{0:<6}{1:>5}".format(word,count))
15.#可以替换成 print("{}:{}".format(ls[i][0],ls[i][1])),
16.#用对列表元素的索引来获取元素的值
```

运行测试：Shell 交互窗口中的运行结果如下。

```
>>>
==================RESTART:D:\案例 8-7.py==================
请任意输入一段英文文章:There are moments in life when you miss someone so much that you just want to pick them from your dreams and hug them for real! Dream what you want to dream;go where you want to go;be what you want to be,because you have only one life and one chance to do all the things you want to do.May you have enough happiness to make you sweet,enough trials to make you strong,enough sorrow to keep you human,enough hope to make you happy? Always put yourself in others'shoes.If you feel that it hurts you,it probably hurts the other person,too.
you      14
to       10
want      5
enough    4
make      3
```

站点小记：如何将英文内容的单词取出来并且计算每个单词出现的次数，首先使用 replace 函数将里面的特殊字符替换成空格，然后用 split 函数进行分隔，最后将字符和出现的次数存入字典。用 list 函数将字典转换成列表，使用 sort 函数对列表中的元组元素进行排序，其中匿名函数 lambda 参考第 9 章函数部分，排序结束过后，输出前五个。

案例 8-8　结合字典统计中文词语出现频率

任意输入一段中文文章，统计并输出中文词语出现频率最高的前三个词语，在处理过程中，考虑到单个字符的汉字无意义，该程序排除所有的单个字符。

问题解析：

(1) 采用 jieba 库的 lcut 函数实现分词。

(2) 构造字典，字典中词语为键，词语数量为值。

(3) 当词语为单个字符，不放入字典。

(4)把字典中键值对转成列表，然后进行排序。

(5)输出出现频率最高的三个词语，也就是列表中的前三个元素。

代码设计：

```
1. import jieba                #先安装然后引入
2. s=input("请输入一段中文文章:")
3. words=jieba.lcut(s)
4. dic={}                       #字典 dic 存放统计结果
5. for word in words:           #将词语和数量存放到字典 dic
6.     if len(word)==1:         #排除单个的字符
7.         continue
8.     else:
9.         dic[word]=dic.get(word,0)+1
10.ls=list(dic.items())
11.ls.sort(key=lambda x:x[1],reverse=True)
12.#对列表 ls 按元组的第二个元素即单词数量降序排列
13.for i in range(3):           #输出词语数量最高的前三名
14.    word,count=ls[i]
15.    print("{0:<6}{1:>5}".format(word,count))
16.#可以替换成 print("{}:{}".format(ls[i][0],ls[i][1])),
17.#用对列表元素的索引来获取元素的值
```

运行测试： Shell 交互窗口中的运行结果如下。

```
>>>
==================RESTART:D:\案例 8-8.py===================
请输入一段中文文章:《再别康桥》是现代诗人徐志摩脍炙人口的诗篇，是新月派诗歌的代表作品。全诗以离别康桥时感情起伏为线索，抒发了对康桥依依惜别的深情。语言轻盈柔和，形式精巧圆熟，诗人用虚实相间的手法，描绘了一幅幅流动的画面，构成了一处处美妙的意境，细致入微地将诗人对康桥的爱恋，对往昔生活的怀念，对眼前的无可奈何的离愁，表现得真挚、浓郁、隽永，是徐志摩诗作中的绝唱。
诗人      3
徐志摩    2
康桥      2
```

站点小记： 本例题与案例 8-7 相似，在分词时调用了 jieba 库的 lcut()函数，见代码第 3 行；然后将词语加入字典时，剔除单个字符，见代码第 5～9 行；用 list 函数将字典转换成列表，见代码第 10 行；使用 sort 函数对列表中的元组元素进行排序，见代码第 11 行，排序结束过后，输出前三个出现次数最高的，见代码第 13～15 行。

8.3 冲关任务——字典的运用

任务 8-1 字典 dict1 记录了某手机销售商一个月几款手机的销售数据：

dict1={"苹果":800,"华为":1800,"小米":2100,"vivo":1600}

李雷尝试向字典中加入一个元素，要求：元素的键和值在两行里输入，如果输入的键在字典中已经存在，则提示“您输入的手机品牌在字典中已存在”，否则就把键和值加入到字典中，如此反复，把符合条件的元素都添加进去，直到加完为止(以输入字母 E 结束)。操作完成后输出字典中所有元素的键值对。

提示：本任务考察字典数据的添加和遍历，注意输入的格式是两行输入，分别输入手机品牌和销售数量，若需要实现不停地输入数据则使用循环来完成。

任务 8-2 有一个字典 d1 记录了班主任王老师的相关信息：

d1={"姓名":"王平安","性别":"男","年龄":36,"手机号":"18982561026","家庭地址":"成都市锦江区静安路 5 号"}

韩梅尝试对字典 d1 进行查询操作，要求：

(1)若用户输入“yes”，查询王老师所有信息。

(2)若用户输入“no”，请用户输入要查找的信息名字(如手机号)，如果存在对应信息就输出(如 18982561026)，否则提示信息不存在。

(3)继续询问用户要查询的信息名字，直到用户输入字母 E 结束。

(4)如果用户回答既不是 yes 也不是 no，则提示错误。

任务 8-3 有以下三个字典，元素均为学生的姓名和学号，其中 d1 中的学生报了美术课，d2 中的学生报了日语课，d3 中学生报了编程课。

d1={"王萍":"20220200011","张丽":"20220200008","冯一波":"20220200025","赵刚":"20220400016","王菲菲":"20220300019","周粥":"20220400027"}

d2={"王萍":"20220200011","张惠":"20220200035","陈平平":"20220300022","赵刚":"20220400016","王漫漫":"20220300020","周粥":"20220400027"}

d3={"王萍":"20220200011","陈平平":"20220300022","邹静":"20220200012","崔晓波":"20220300036","王露":"20220300047","谈小米":"20220400015","周粥":"20220400027"}

李雷尝试对这三个字典进行如下操作。

(1)求出同时报了美术课和日语课的学生，并输出信息。

(2)在 d3 中删除报了那两门课程的学生。

(3)每个字典元素要求以字符串的形式输出(遍历字典)。

提示：因为字典无法边使用边删除元素，所以先给 d3 创建一个副本，针对副本遍历，然后在 d3 中删除。

8.4　关卡任务

李雷和韩梅想用本章学习的字典相关知识实现一个通信录管理演示程序，因为是演示程序，所以其中的通讯录数据不需要保存到文件或数据库，仅在程序运行过程中存放于内存。

通信录中记录有姓名和手机号，基本功能有：1.添加联系人；2.删除联系人；3.修改联系人；4.查找联系人；5.退出通讯录。

经过韩梅和李雷的分析，程序能够实现如下功能：

(1) 创建通讯录空字典 txl。

(2) 创建 menus 字典，其中包括 5 个元素，分别对应于通讯录的 5 个基本功能。

(3) 通过选择 1～5 数字，完成每项功能，如果选择的数字不在 1～5 之间，提示出错。

(4) 选择 1，要添加联系人，输入联系人和手机号，判断手机号是否是 11 位，接下来查找该联系人是否存在通讯录中。如果没有就添加该联系人到字典中，反复添加，直到输入“!”结束。

(5) 选择 2，输入要删除的联系人，判断是否在字典中，是就删除，否则提示联系人不存在。

(6) 选择 3，输入要修改的联系人，如果存在更新手机号，反之提示联系人不存在。

(7) 选择 4，先确定是查找所有联系人还是某个联系人，如果是某个联系人，输入联系人名字，然后判断是否在字典中；如果是输出联系人的信息，则不提示该联系人不存在；如果查找所有联系人，则直接输出所有。

(8) 选择 5，退出通讯录。

请大家帮助李雷和韩梅一起来完成吧！

第9章 自定义函数

老师让李雷和韩梅编写程序处理数学中的特殊数(如回文数、完全数、自幂数、素数等)，在处理时他们发现很多功能对应的代码需要重复编写。老师要求他们提交的程序中能降低重复代码出现次数。

完成上述任务，他们需要学习函数的相关知识，包括函数定义、参数传递、变量与作用域，以及函数的递归使用等；在热身加油站补充能量观察并分析各个案例程序，思考如何更好地利用新的知识完成对数据的处理；最后利用所学新知识完成关卡任务。

9.1 冲关知识准备——认识自定义函数

函数是针对某种功能可重复使用的代码段，程序中运用函数能提高代码的重复利用率。

1. 函数的定义

1) 函数定义格式

格式：

```
def 函数名([参数列表]):
    函数体
    [return[表达式1[,表达式2[,…]]]]
```

说明：

(1) def是英文define的缩写。

(2) 函数定义以def关键字开头，函数名(符合规范的标识符)，圆括号内是参数列表，格式是形参 1，形参 2，…，特殊情况下参数可以省略。参数之间逗号分隔，尾部冒号不能省略。

(3) 函数体有缩进，其中函数体中的return语句是可选项，执行到return语句，将结束函数运行，回到调用位置，return语句可能带回0个到多个返回值。

2) 函数调用格式

格式：

```
函数名([参数列表])
```

说明：

(1) 函数名是已经定义的函数名。

(2)圆括号中是参数列表，格式是实参 1，实参 2，…，可以有若干个参数，用英文逗号分隔，也可以没有参数。

3)函数返回值

返回值是函数完成工作后，最后给调用者的一个结果。在定义函数的时候，对于函数运算的结果，如果需要进一步的操作，用 return 关键字来返回函数的结果，如果没有返回值，默认为 None。

Python 中可以间接返回多个值，也可以返回一个元组，程序在运行的时候，一旦遇到 return，函数执行结束，后面的代码不会执行。

4)特殊的函数定义——匿名函数

匿名函数，顾名思义，就是没有函数名称的函数，没有名称也是跟 def 定义的函数的区别。Python 中的匿名函数是通过 lambda 表达式实现的，一般用来表示内部仅包含 1 行表达式的函数。当函数体比较简单时，可以使用 lambda 表达式进行简洁表示。

格式：

```
lambda 参数列表:表达式
```

说明：

(1)匿名函数冒号后面的表达式有且只能有一个。

(2)匿名函数自带 return，return 的结果就是表达式的计算结果。

(3)匿名函数主要解决简单问题，复杂的留给 def 定义。

2. 参数传递

为了让函数具有较高的灵活性和通用性，从而达到复用的目的，Python 中完成这一功能的就是函数的参数。参数传递分为以下几种情况。

1)按参数位置

调用函数时根据函数定义的参数位置来传递参数，实参和形参之间一一对应。

格式：

```
函数定义：def 函数名(形参 1,形参 2,…,形参 n):
函数调用：函数名(实参 1,实参 2,…,实参 n)
```

2)默认值参数

定义函数时，如果形参为默认值，则调用函数时可传可不传该默认参数的值，特别注意：所有位置参数必须出现在默认参数前，包括函数定义和调用。

格式：

```
函数定义：def 函数名(形参 1[=默认值 1],形参 2[=默认值 2],…,形参 n[=默认值 n]):
```

3)关键字参数

函数调用时按形参的名字传递实参，即为关键字参数，使用关键字参数可以更灵活地传递参数，要求形参个数和实参一致，不要求实参与形参的顺序一致。

格式：

```
函数定义：def 函数名(形参 1,形参 2,…,形参 n]):
函数调用：函数名([形参 1=实参 1,形参 2=实参 2,…,形参 n=实参 n)
```

4) 可变长度参数

可变长度参数分为两种情况，元组形式传入和字典形式传入。

第一种情况，形参前面加一个*(星号)，一个星号形参的函数会把多个位置参数值当成元组的形式传入，也就是传入的多个参数值可以在函数内部进行元组遍历。

格式：

```
def 函数名([形参1,形参2,…,]*形参n):
```

第二种情况，形参前面加两个*(星号)，两个星号形参的函数会把关键字参数值当成字典的形式传入，在函数内部会把关键字参数当成字典在函数内部进行遍历。

特别提醒，无论哪种情况，可变长度参数只能是形参的最后一个。

5) 可变类型与不可变类型参数

不可变类型参数：不可变类型作为参数时(如字符串、元组)，形参是实参的一个副本，在被调用函数中，形参的值被修改后，实参的值并不会被修改。

可变类型参数：可变数据类型作为参数时(如列表、字典、集合)，既可以读取实参变量中的值，也可以通过形参变量修改实参变量中的值。

3. 变量作用域(全局变量与局部变量)

所谓作用域就是变量的有效范围，即变量可以在哪个范围以内使用。有些变量可以在整段代码的任意位置使用，有些变量只能在函数内部使用。变量的作用域由变量的定义位置决定，在不同位置定义的变量，它的作用域是不一样的。以下结合局部变量和全局变量对作用域进行说明。

1) 局部变量

在函数内部定义的变量，它的作用域也仅限于函数内部，出了函数就不能使用了，这样的变量称为局部变量(local variable)。

说明：

(1) 函数外部无法访问其内部定义的变量。当函数被执行时，Python 会为其分配一块临时的存储空间，所有在函数内部定义的变量，都会存储在这块空间中。而在函数执行完毕后，这块临时存储空间随即会被释放并回收，该空间中存储的变量自然也就无法再被使用。如下面代码中执行 print("函数外部 add=",add) 会报错：

```
def demo():
    add="Python 冲关实战"
    print("函数内部 add=",add)
demo()
print("函数外部 add=",add)
```

(2) 函数的参数也属于局部变量，只能在函数内部使用。如下面代码中执行 print("函数外部 name=",name) 会报错：

```
def demo(name):
    print("函数内部 name=",name)
demo("Python 冲关实战")
print("函数外部 name=",name)
```

2) 全局变量

除了在函数内部定义变量，Python 还允许在所有函数的外部定义变量，这样的变量称为全局变量(global variable)。和局部变量不同，全局变量的默认作用域是整个程序，即全局变量既可以在各个函数的外部使用，也可以在各函数的内部使用。

说明：

(1) 在函数体外定义的变量，一定是全局变量。如下面代码中两处 print 函数均可正常输出全局变量 add 的值(这种用法不能在函数体内对全局变量 add 重新赋值)：

```
add="Python 冲关实战"
def text():
    print("函数体内访问：",add)
text()
print('函数体外访问：',add)
```

(2) 在函数体内定义全局变量。即使用 global 关键字对变量进行修饰后，该变量就会变为全局变量。若函数体内用 global 修饰的变量和已有全局变量同名，则函数体内可以对该全局变量进行读写操作。如下面代码中在函数体内用 global 关键字修饰变量后，就可在函数体内对全局变量 add 重新赋值。

```
add="Python "
def text():
    global add
    add=" Python 冲关实战"
    print("函数体内访问：",add)
text()
print('函数体外访问：',add)
```

4. 函数的递归调用

递归调用在函数内部调用函数(自己调用自己)，递归的本质就是一个循环过程，Python 中默认的最大调用自身的次数是 1000 次，函数的递归调用应该是有终止条件的，不然就会变成无限循环调用。

递归的两个阶段：

递推：一层一层调用下去。

回溯：满足某种条件，结束递归调用，然后一层一层返回。

9.2　热身加油站——自定义函数及其相关操作

案例 9-1　参数传递

有如下代码段，练习位置参数、默认值参数和关键字参数的使用，在横线处填空。

```
1. def test(x,y,z,s,t=3):
2. #定义一个函数 test，包括五个形参，其中最后一个参数设定了默认值
```

```
3.     m=x+y
4.     n=(x*y)%z
5.     w=s*t
6.     return(m,n,w)                        #将三个局部变量m、n、w的结果返回
7. b=5;c=8;s1="Python"
8. #定义全局变量b,c,s1
9. print(test(12,z=c,y=b,s=s1))            #输出结果是________________
10.#调用test函数，第一个实际参数是数值，按位置传递给形参x，
11.#z、y、s是按照关键字传递,t省略用默认值
12.print(test(10,y=b,s=s1,z=c,t=2))       #输出结果是________________
13.#再次调用test函数，实际参数增加了对默认值t的重新赋值
```

站点小记：特别注意，多种形参共存时，默认值参数只能在最后(如代码第 1 行)，否则会因参数传递顺序导致错误。

案例 9-2 lambda 函数

有如下代码段，针对匿名函数(lambda 函数)不同情况的练习，在横线处填空。

代码设计：

```
1. a=lambda x,y,z:(x+y+z)/3             #正常使用，返回的是一个函数对象
2. print(a(10,12,23))                   #输出结果____________
3. b=lambda x,y=20:x+y                  #有默认参数
4. print(b(10))                         #输出结果____________
5. print(b(10,10))                      #输出结果____________
6. c=lambda *z:z*2                      #参数是可变的
7. print(c("apple","orange"))           #输出结果____________
8. d=(lambda x,y:x if x<y else y)       #表达式带条件
9. print(d(24,15))                      #输出结果____________
10.print((lambda x,y:x-y)(3,4))         #定义的同时直接调用，结果是____________
11.L=[lambda x,y:x+y,lambda x,y:x-y,lambda x,y:x*y,lambda x,y:x/y]
12.                                     #lambda作为列表元素
13.for t in L:                          #依次遍历列表元素，计算结果
14.    print(t(3,3),end=",")             #输出结果____________
15.print()
16.print(L[0](5,6))                     #只将实参传递给某个列表元素的结果________
```

站点小记：匿名函数灵活多变，调用方式多样化，先定义再调用(见代码第 1～9 行)、定义的同时直接调用(见代码第 10 行)等，同时配合包括多种方式的参数调用，包括默认参数(见代码第 3 行)、可变长度参数(见代码第 6 行)、表达式带条件(见代码第 8 行)等，最后匿名函数作为列表元素(见代码第 11～16 行)的处理方式。

案例 9-3 设计函数计算平均值、最值

从键盘上输入一组数据，以“!”字符结束，将其存入列表中，计算该列表中元素的平均值、最大值和最小值，平均值保留两位小数。该功能要求采用自定义函数完成。

问题解析：

(1) 主程序用 while 循环实现多个数据的录入，数据追加到列表 ls 中，以“!”结束。

(2) 函数实现三个量的计算。

(3) 调用函数，输出列表中元素的平均值、最大值和最小值。

代码设计：

```
1. def lscount(lt):
2.     s=0;max=lt[0];min=lt[0]
3.     #将第一个元素赋值为最大值和最小值
4.     for i in lt:
5.         if max<i:
6.             max=i
7.         if min>i:
8.             min=i
9.         s=s+i                  #所有元素求和累加
10.    average=s/len(lt)     #计算平均值
11.    return(round(average,2),max,min)
12.ls=[]
13.x=input("请输入数据：")
14.while x!="!":
15.    ls.append(int(x))
16.    x=input("请输入数据：")
17.print(lscount(ls))
```

运行测试：Shell 交互窗口中的运行结果如下。

```
>>>
==============RESTART:D:\案例 9-3.py==============
请输入数据：12
请输入数据：45
请输入数据：87
请输入数据：23
请输入数据：10
请输入数据：8
请输入数据：!
(30.83,87,8)
```

站点小记：本例题中列表数据的输入通过 while 循环实现(见代码第 14～16 行)，通过调用 lscount 函数实现列表元素的平均值(见代码第 10 行)、最大值和最小值(见代码第 5～8 行)的计算。

案例 9-4　设计函数计算斐波拉契数列

定义函数 fib，求出斐波拉契数列的第 n 项，同时输出小于 100000 的所有项，并且求和。

斐波拉契数列(Fibonacci sequence)，指的是这样一个数列：1、1、2、3、5、8、13、21、34、……这个数列从第 3 项开始，每一项都等于前两项之和。

问题解析：

(1)给前两项赋初值，利用 for 循环求出剩余项。

(2)调用 fib 函数，判断每一项值是否小于 100000，符合条件的输出。

(3)同时将这些值累加到变量 s 中，循环结束，输出这些项的和。

代码设计：

```
1. def fib(n):
2.     if n==1 or n==2:
3.         return(1)
4.     a,b=1,1
5.     x=0
6.     for i in range(3,n+1):
7.         x=a+b
8.         a,b=b,x          #交换语句，迭代 a,b 的值
9.     return(x)
10.s=0
11.for i in range(1,100):
12.#此处的 100 是虚值，循环通过 break 退出
13.    if fib(i)<100000:
14.        print(fib(i),end=",")
15.        s=s+fib(i)
16.    else:
17.        break
18.print("s=",s)
```

运行测试：Shell 交互窗口中的运行结果如下：

```
>>>
==============RESTART:D:\案例 9-4.py==============
1,1,2,3,5,8,13,21,34,55,89,144,233,377,610,987,1597,2584,4181,6765,10946,
17711,28657,46368,75025,s=196417
```

站点小记：该数列也称为兔子数列，是一个经典案例，for 循环的参数可以设定虚值，如本例题程序的第 11 行设置超过 26 的均可以，只要不通过此处退出循环，设定的值大于执行次数即可；另外，本例题可以继续拓展，数字单行的显示如果觉得不方便查看，可以通过一行限制输入几个的方式让结果更清晰。

案例 9-5 设计可接收元组参数的函数

定义一个函数 len_param，练习可变长度参数(元组形式传入)的使用，根据实际参数的输入情况，输出可变长度参数的内容。

问题解析：

(1)参数出现一个*号，意味着是可变长度参数，注意只能在后面的参数出现。

(2)函数内部输出两个参数的值，第一个参数按照位置传递，第二个参数可变长度。

(3)两次调用体现出可变长度参数的使用灵活性。

代码设计：

```
1. def len_param(a,*args):
2.     print("a=",a)
3.     print("args=",args)
4.     for x in args:              #对元组中所有值进行遍历
5.         print("arg=",x)
6. len_param("熊猫的故乡","中国","四川","成都","欢迎","你")
7. print()
8. len_param("火锅","中国","四川","成都")
```

运行测试：Shell 交互窗口中的运行结果如下。

```
>>>
==============RESTART:D:\案例 9-5.py==============
a=熊猫的故乡
args=('中国','四川','成都','欢迎','你')
arg=中国
arg=四川
arg=成都
arg=欢迎
arg=你

a=火锅
args=('中国','四川','成都')
arg=中国
arg=四川
arg=成都
```

站点小记：通过对普通参数和可变长度参数(前面一个“*”)的对比，分析两类参数在调用时不同的处理方式，如普通参数按位置传递，一定放在可变长度参数的前面，后面值均传入可变长度参数(见代码第 1～3 行)；对可变长度参数每个值的访问(见代码第 4、5 行)，通过 for 循环的遍历来实现。

案例 9-6　设计可接收字典参数的函数

定义一个函数 len_param1，练习可变长度参数(字典形式传入)的使用，根据实际参数的输入情况输出可变长度参数的内容。

问题解析：

(1)参数出现两个**号，意味着是可变长度参数，注意只能在后面的参数出现。

(2)函数内部输出两个参数的值，第一个参数按照位置传递，第二个参数可变长度。

(3)字典键和值的输出。

代码设计：

```
1. def len_param1(a,**kargs):
2.     print("a=",a)
3.     print("kargs=",kargs)
```

```
4.     for key in kargs:           #对字典中所有键和值进行遍历
5.         print(key,kargs[key])
6. #遍历字典参数，输出字典的键(key)和对应的值(kargs[key])
7. len_param1("熊猫的故乡",country="中国",province="四川",\
8.              city="成都",attitude="欢迎",who="你")
9. #"\"是为了阅读方便增加的换行符
```

运行测试：Shell 交互窗口中的运行结果如下。

```
>>>
==============RESTART:D:\案例 9-6.py==============
a=熊猫的故乡
kargs={'country':'中国','province':'四川','city':'成都','attitude':'欢迎
       ','who':'你'}
country 中国
province 四川
city 成都
attitude 欢迎
who 你
```

站点小记：注意查看代码第 7、8 行字典类型实际参数的参数形式，和案例 9-5 中元组类型的第 6、8 行做一下对比，分别采用了名称=“值”的形式以及只有“值”的形式，正好对应于字典元素的构成和元组元素的构成形式，分析这些有助于掌握可变长度参数的应用。

案例 9-7　设计递归函数

汉诺塔是学习计算机递归算法的经典入门案例，是一个数学难题。其问题为如何将所有圆盘从 A 移动到 C，要求一次只能移动一个盘子，盘子只能在三根柱子(A/B/C)之间移动，更大的盘子不能放在更小的盘子上面，如图 9-1 所示。

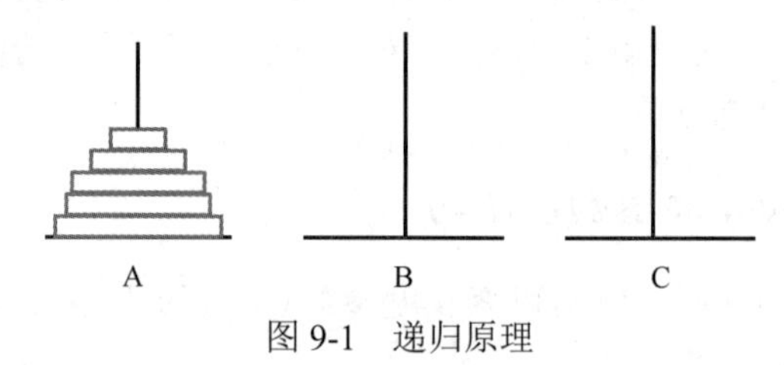

图 9-1　递归原理

请用 Python 编写一个汉诺塔的移动函数，采用递归方法解决这个问题，要求输入汉诺塔的层数，输出整个移动过程。

问题解析：

(1) 定义 move 函数。

(2) 汉诺塔的移动规则：在小圆盘上不能放大圆盘；在三根柱子之间一次只能移动一个圆盘；只能移动在最顶端的圆盘。

(3) 将上面的 n−1 个盘子看成整体，只需要解决了 n−1 的移动问题，就可以解决 n 的问题。

(4)将 n-1 个盘子从 A 柱移动至 B 柱(借助 C 柱为过渡柱)。

(5)将 A 柱底下最大的盘子移动至 C 柱 。

(6)将 B 柱的 n-1 个盘子移至 C 柱(借助 A 柱为过渡柱)。

(7)利用递归的思路逐步把问题规模缩小，直至 n=1。

(8)调用 move 函数，输出所有的移动过程。

代码设计：

```
1. def move(n,A,B,C): #定义函数move
2.     if n==1 :
3.         print (A,"->",C)
4.     else :
5.         move(n-1,A,C,B)
6.         move(1,A,B,C)
7.         move(n-1,B,A,C)
8. n=eval(input("请输入递归层数:"))
9. move(n,'A','B','C')
```

运行测试：Shell 交互窗口中的运行结果如下。

```
>>>
==============RESTART:D:\案例 9-7.py==============
请输入递归层数:4
A->B
A->C
B->C
A->B
C->A
C->B
A->B
A->C
B->C
B->A
C->A
B->C
A->B
A->C
B->C
```

站点小记：汉诺塔游戏的执行次数跟盘子的数量密切相关，n 个盘子的移动次数为 2^n-1，按照古老传说中的 64 个来计算，需要移动的次数是 18446744073709551615，如果每秒钟移动一次，那么大约需要 5800 亿年，所以传说中的移动完毕世界将在一声霹雳中消灭就完全不需要担心了。

案例 9-8　变量作用域

有如下代码段，练习变量的作用域，请在横线处填空。

```
1. def proc1():
2.     a=1;b=2                              #局部变量 a,b
3.     print("proc1:a={} and b={}".format(a,b))
4.     b=5
5. def proc2():
6.     global a                             #全局变量 a
7.     a=6
8.     proc1()
9.     print("proc2:a={} and b={}".format(a,b))
10.#注意 a 此时是全局变量，proc2()中没有出现变量 b,所以使用全局变量 b
11.a=1;b=2;b=3                              #赋值语句以最新赋值为准
12.proc1()                                  #结果是________
13.print("a={} and b={}".format(a,b))  #结果是________
14.a=8
15.proc2()                                  #结果是________，________
16.print("a={} and b={}".format(a,b))  #结果是________
17.#调用了 proc2 过后，全局变量 a 的值发生了变化
```

站点小记：变量的作用域主要考虑变量出现的位置，是在主程序还是函数定义过程中，见代码第 11、14 和 2 行；主程序中全局变量作用域整个程序，函数过程中定义的局部变量只在本过程有效，同名时局部变量屏蔽全局变量(见代码 11、2 行)，变量 a、b 同名；出现 global 关键字，后面的变量是全局变量(见代码第 6 行)。这个练习是一个很经典的作用域问题的练习，希望大家学习之后可以举一反三。

案例 9-9 计算最大公约数与最小公倍数

定义函数 gcd 和 lcm，求两个整数或者多个整数的最大公约数和最小公倍数。其中最大公约数用递归方法实现。用递归的算法计算最大公约数也称为欧几里得算法，其计算原理依赖于定理：两个整数的最大公约数等于其中较小的那个数和两数相除余数的最大公约数，公式为 gcd(a,b)=gcd(b,a % b)。

问题解析：

(1)根据题意分析，a>b 是用题目上公式的前提。

(2)分析得知终止条件当 b = 0 时，gcd(a,b) = a。

(3)递归步骤“gcd(b,a%b)”，每次递归 a%b 严格递减。

(4)求出最大公约数之后，利用(a*b)/gcd(a,b)求出最小公倍数。

代码设计：

```
1. def gcd(a,b):
2.     if a<b:
3.         a,b=b,a
4.     if b==0:
5.          return(a)
6.     else:
7.          return(gcd(b,a%b))
8. def lcm(a,b):
```

```
9.    x=a*b/gcd(a,b)
10.   return(x)
11.print("gcd(15,36)=",gcd(15,36))
12.print("lcm(15,36)=",lcm(15,36))
13.print("gcd(21,gcd(35,7)=",gcd(21,gcd(35,7)))
14.print("lcm(21,lcm(35,7)=",lcm(21,lcm(35,7)))
```

运行测试：Shell 交互窗口中的运行结果如下。

```
>>>
==============RESTART:D:\案例 9-9.py==============
gcd(15,36)=3
lcm(15,36)=180.0
gcd(21,gcd(35,7)=7
lcm(21,lcm(35,7)=105.0
```

站点小记：用递归方法定义函数 gcd()，求最大公约数时要求 a＞b，见代码第 2、3 行；代码第 4、5 行是基值的处理，没有基值的设置，递归无法进行回溯；最大公约数求出来之后，代码第 8～10 行列出了最小公倍数的求解函数；代码第 11～14 行调用这两个函数，其中第 13、14 行出现了嵌套调用。另外，传统求最大公约数采取的是辗转相除法，有兴趣的同学也可以去查下相关的资料。

9.3　冲关任务——用自定义函数提高代码复用率

任务 9-1　老师给李雷布置了一个小任务，让他计算 2!+4!+6!+8!+10!，同时要满足如下两个条件。

(1) 不能用 math 库的阶乘函数，必须自定义一个函数 fact()。

(2) 不能定义完函数直接调用分别求出这几个的阶乘相加，比如结合循环来完成这个过程。

提示：fact 函数的定义有两种方式，第一种不用递归，第二种使用递归。for 循环辅助完成表达式的求和，有两种处理方式，第一种 range 函数设置，第二种在循环体中判断是否为偶数。

任务 9-2　某一天，老师在黑板上留了一个题目，说了一个没听过的名字，水仙花数。老师要求定义一个函数 shuixianhuashu()，判断一个数是不是水仙花数(一个三位数的各位数字的立方和是这个数本身)，求出所有的水仙花数。韩梅主动举手来解决这个问题。

提示：函数定义判断一个数是不是水仙花数可以从两个角度入手：第一数字型，分别用运算符取出个十百位，然后用定义判断；第二字符串类型，利用切片加上类型转换去实现。特别提醒，水仙花数是三位数，注意求所有水仙花数的范围设置。

任务 9-3 李雷要定义一个函数 minsushu，要求在键盘上任意输入一个数 n，输出小于 n 最大的素数。

提示：考虑从大到小判断，找到迅速输出，结束循环。

任务 9-4 韩梅打算定义一个函数 ishuiwen，判断任意输入的字符串是否为回文字符串。

提示：回文字符串指的是从左到右读和从右到左读都一样的字符串，用字符串的切片来完成。

9.4 关卡任务

李雷和韩梅经过资料查阅，发现在数学中有许多特殊的数字，如回文数、完全数、自幂数、素数、奇偶数、阶乘和数、反素数、回文素数、孪生素数等。

(1) 回文数：一个数从左边读和从右边读是一样的。

(2) 完全数：它所有的真因子(即除了自身以外的约数)的和(即因子函数)恰好等于它本身。例如 6，真因子 1+2+3=6。

(3) 自幂数：一个 n 位自然数等于自身各个数位上数字的 n 次幂之和。例如 153，$1^3+5^3+3^3=153$，也是我们所熟知的水仙花数，就是当 n=3 时的一个自幂数。

(4) 阶乘和数：一个正整数等于组成它的各位数字的阶乘之和。例如 145=1!+4!+5!，这样的数称为阶乘和数。

(5) 反素数：指一个将其逆向拼写后也是一个素数的非回文数。例如 71，逆向拼写后是 17，并且不是回文数。

(6) 回文素数：一个既是素数又是回文数的整数。

(7) 孪生素数：指相差 2 的素数对。例如 3 和 5。

老师要求李雷和韩梅用本章所学的自定义函数，输出用户指定的 1～1000 内所有符合条件的特殊数。(如用户输入 6，则输出 1～1000 内的所有回文素数，提示用户可以输入 1～7 进行选择)

提示：回文数可以考虑将其转换成字符串类型来判断；因为判断素数功能出现多次，可以定义一个函数来实现。

第10章 文件操作

李雷和韩梅接到一个复杂任务，需要对多个文件进行读取、内容替换、删除、重命名等操作，由于文件数量多，一个个手动处理效率太低，他们希望用Python代码自动完成以上操作。

完成上述任务，他们需要学习文件的打开、关闭、读写、遍历，以及文件夹和文件的相关操作，在热身加油站补充能量观察并分析各个案例程序，思考其中的代码逻辑，然后在冲关任务中熟悉基础应用，最后完成关卡任务。

10.1 冲关知识准备——认识文件基本操作

1. 文件的打开、读写、关闭

1) open()

如果用Python读取文件(如txt、csv等)，则要用open函数打开文件。open是Python的内置函数，它会返回一个文件对象，通过该对象可以读、写、关闭文件。

格式：

```
open(文件路径,模式,encoding=编码)
```

说明：

(1)“文件路径”参数，表示需要打开的文件路径。

(2)“模式”参数(可选，默认为r模式)，表示打开文件的模式。如只读(r或rb)、追加(a或ab)、写入(w或wb)、读写(w+或wb+)。

(3)“编码”参数，表示编码，使用时需要和文件编码一致否则会导致读取错误，常用的编码有utf-8、gbk。

2) close()

打开文件并处理完毕后，需要关闭文件。

格式(f是open函数打开的文件对象)：

```
f.close()
```

说明：

用f.close()实现关闭文件，即释放相关的系统资源。

3) read()

当使用 open 函数打开文件后，就可以使用 read 函数读取文件，将读取到的内容以字符串格式返回。

格式(f 是 open 函数打开的文件对象)：

```
f.read(内容 size)
```

说明：

(1)“内容 size”参数为数字，表示从已打开文件中读取的字符或汉字数目。

(2)不指定“内容 size”参数，默认读取文件全部内容。

4) readline ()

从文件中按行读取，将读取到的内容以字符串格式返回。

格式(f 是 open 函数打开的文件对象)：

```
f.readline(内容 size)
```

说明：

(1)“内容 size”参数为数字，表示从当前位置开始读取的字符或汉字数目。

(2)若不指定“内容 size”参数，则默认读取整行。

5) readlines()

readlines 和 readline 很相似，但功能不一样。readline 可以按行读取，readlines 则是读取所有行，返回每行为一个元素构造而成的列表，readlines 不需要参数，使用更加简单。

格式(f 是 open 函数打开的文件对象)：

```
f.readlines()
```

6) write()

write 顾名思义，可将内容(如字符串)写入到文件里。

格式(f 是 open 函数打开的文件对象)：

```
f.write(写入内容)
```

说明：

(1)“写入内容”参数为字符串或字符串变量，代表要写入文件的内容。

(2)若写入的内容需要换行，则在“写入内容”参数中用“\n”表示换行。

2. 遍历文件

在搜索文件、筛选不同类型文件的时候，需要遍历(依次扫描)指定位置(某个驱动器或文件夹)的所有文件，从而获取它们的文件名和路径。推荐使用 os 模块中的 walk 函数，它能扫描指定位置包含的子文件夹和文件。

格式：

```
import os
os.walk(路径)
```

说明：

(1)“路径”参数，表示被扫描的文件夹对应的路径。

(2)扫描子文件夹和文件时，采用自顶向下的方式进行扫描，也就是逐层扫描。

(3)使用 os 模块的 walk 函数时，通常结合 for 循环使用，例如：

```
for curDir,dirs,files in os.walk(dir)
```

其中，通过 dir 指定被扫描的文件夹路径的初始路径。在逐层扫描的过程中，curDir 表示当前被扫描文件夹路径，dirs 用列表记录了 curDir 下包含的子文件夹，files 用列表记录了 curDir 下包含的文件。

3. 文件夹和文件操作

1)创建文件夹

使用 os 模块的 mkdir 函数。

格式：

```
import os
os.mkdir(新文件夹路径)
```

说明：

(1)os 模块的 mkdir 函数执行时，若文件夹已经存在，会导致出错。

(2)结合 os.path.exists(新文件夹路径)可判断文件夹是否存在。

2)删除文件夹

使用 shutil 模块的 rmtree 函数。

格式：

```
import shutil
shutil.rmtree(文件夹路径)
```

说明：rmtree 直接删除一个文件夹，无论里面是否还有文件或子文件夹。

3)复制、移动文件。

使用 shutil 模块的 copy 和 move 函数。

格式：

```
import shutil
shutil.copy(源,目标)
shutil.move(源,目标)
```

说明："源""目标"参数都是字符串形式的路径，有如下规则。

(1)若是一个文件的名称，则将"源"文件复制/移动为新名称为"目标"文件。

(2)若是一个文件夹，则将"源"文件夹复制/移动为"目标"文件夹。

4)文件、文件夹重命名

使用 os 模块的 rename 函数。

格式：

```
import os
os.rename(当前文件名,新文件名)
os.rename(当前文件夹名,新文件夹名)
```

说明：

“当前文件名”“新文件名”“当前文件夹名”“新文件夹名”参数都是字符串形式的路径，根据传入参数对应的文件或文件夹进行重命名。

5) 删除文件

使用 os 模块的 remove 函数。

格式：

```
import os
os.remove(待删除文件路径)
```

10.2　热身加油站——自动化文件操作基础

案例 10-1　打开、读取、关闭文件

用 Python 代码打开图 10-1 中 utf-8 编码格式的文件“测试读取.txt”，并输出其内容。

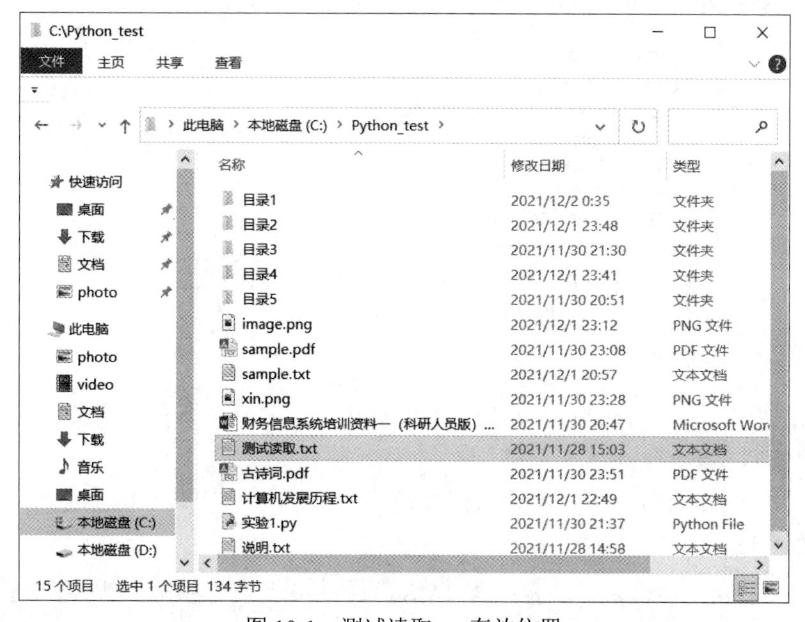

图 10-1　测试读取.txt 存放位置

问题解析：

(1) 直接使用 open 函数打开文件。

(2) 使用 read 函数读取文件内容，并结合 print 函数显示。

(3) 文件打开后一定要有对应的关闭操作。

代码设计：

```
1. f=open(r'c:\Python_test\测试读取.txt',encoding='utf-8')
2. print(f.read())
3. f.close()
```

运行测试：Shell 交互窗口中的运行结果如下。

```
>>>
==============RESTART:D:\案例 10-1.py==============
本章我们将向大家介绍如何在本地搭建 Python 开发环境。
Python 可应用于多平台包括 Linux 和 Mac OS X。
```

站点小记：本例题的难点在于如何给 open 函数传递正确的“文件路径”参数，从图 10-1 中可以看出文件“说明.txt”位于 c 盘 Python_test 文件夹下，其对应的绝对路径是“c:\Python_test\说明.txt”。但是，Python 中会把“\”识别为转义字符，直接用在路径中会导致报错，所以可在路径字符串“c:\Python_test\说明.txt”前加上 r 防止“\”被 Python 错误理解。或者在路径字符串中使用“\\”的方式(如“c:\\Python_test\\说明.txt”)。另外，需要注意的是，open 函数打开文件没有指定“模式”参数，表示以默认的只读模式打开文件。

案例 10-2　读取并替换文件内容

图 10-1 所示位置中“说明.txt”文件的内容如图 10-2 所示，读出全部内容，将其内容中的“npm”替换为“rpm“，并显示替换前后效果。

图 10-2　待读取文本文件内容

问题解析：

(1) 可以使用 read 或 readlines 函数读取文件内容，但是二者返回值的类型不同，需要采取不同的处理方案。

(2) 字符串方法 replace 可以实现字符替换。

代码设计 1：

```
1. f=open(r'c:\Python_test\说明.txt',encoding='utf-8')
2. c=f.read()              #读取文件返回值为字符串
3. print('*****替换前：*****')
4. print(c)
5. print('*****替换后：*****')
6. print(c.replace( 'npm','rpm')
7. f.close()
```

代码设计 2：

```
1. f=open(r'c:\Python_test\说明.txt',encoding='utf-8')
2. c=f.readlines()         #读取文件返回值为列表
3. print('*****替换前：*****')
```

```
4. for line in c:
5.     print(line,end='')
6. print('*****替换后：*****')
7. for line in c:
8.     print(line.replace('npm','rpm'),end='')
9. f.close()
```

运行测试：Shell交互窗口中的运行结果如下。

```
>>>
==============RESTART:D:\案例10-2.py==============
*****替换前：*****
这是项目的前端，基于vuecli编写
安装node.js后
在本目录下运行npm install
npm run serve
然后根据提示即可在浏览器打开
*****替换后：*****
这是项目的前端，基于vuecli编写
安装node.js后
在本目录下运行rpm install
rpm run serve
然后根据提示即可在浏览器打开
```

站点小记：本例题中输出文件内容的print函数中采用了end='',是为了让print执行后不换行，保留文件内容包含的换行样式。

案例10-3 读取并拼接文件内容

针对图10-1、图10-2中文件“说明.txt”，读出每行前两个汉字或英文字母，并拼接成一个字符串输出。

问题解析：

本例题采用readline函数读取文件中每行内容，然后运用字符串切片方法取前两位字符进行拼接。

代码设计：

```
1. f=open(r'c:\Python_test\说明.txt',encoding='utf-8')
2. s=''
3. while True:
4.     c=f.readline()
5.     if c:
6.         s=s+c[0:2]
7.     else:
8.         break
9. print(s)
10.f.close()
```

运行测试：Shell 交互窗口中的运行结果如下。

```
>>>
==============RESTART:D:\案例 10-3.py==============
这是安装在本 np 然后
```

站点小记：

(1) 使用 readline 函数文件读取时，常配合 while True 循环逐行读取文件内容，如代码第 3 行。

(2) readline 函数读取到文件末尾时返回空值，可以用 if 进行判断，如代码第 5 行。

案例 10-4　向文件写入内容

在图 10-1 所示的文件夹 Python_test 中创建文件 sample.txt，并写入如下内容：

汉家旌帜满阴山，不遣胡儿匹马还。

愿得此身长报国，何须生入玉门关。

问题解析：

(1) 需要以写入模式 w 打开文件。

(2) 用 write 把内容写入文件，换行符用\n 代替。

代码设计：

```
1. f=open(r'c:\Python_test\sample.txt','w',encoding='utf-8')
2. #上面语句不能把'w'换为'r'的原因是________________
3. s='汉家旌帜满阴山，不遣胡儿匹马还。\n 愿得此身长报国，何须生入玉门关。'
4. f.write(s)
5. f.close()
```

运行测试：运行结果如图 10-3 所示。

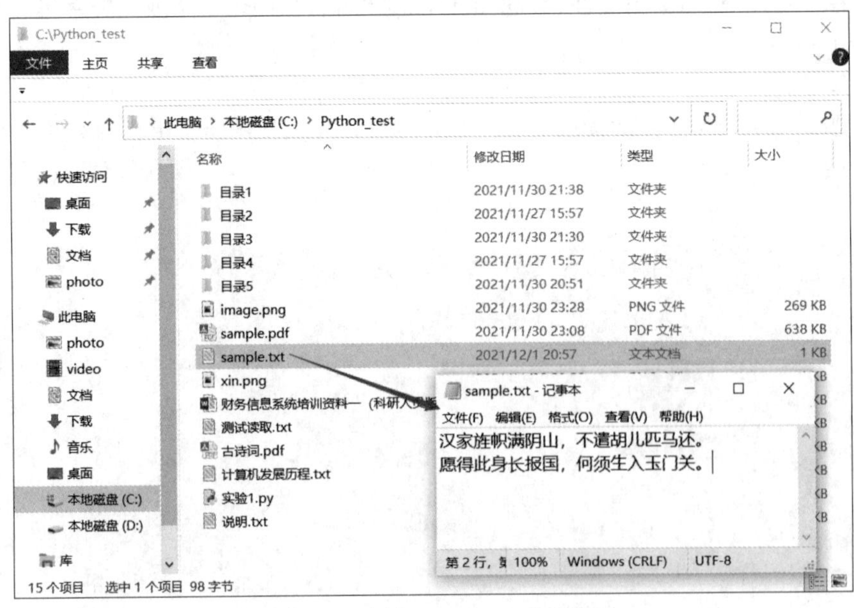

图 10-3　写入 sample.txt 的内容

站点小记：创建文件 sample.txt 时，为了保证不同系统兼容性，指定文件编码为 utf-8。

案例 10-5　遍历文件夹

读取图 10-1 所示文件夹 Python_test 中所有的子文件夹和文件，包括子文件夹下的文件和文件夹，并输出它们的完整路径(绝对路径)。

问题解析：用 os 模块中的 walk 函数扫描文件夹，可以把子文件夹中的文件和文件夹逐层扫描。

代码设计：

```
1. import os
2. for curDir,dirs,files in os.walk(r'c:\Python_test'):   #扫描对应文件夹
3.     #代码第 4、5 行的作用是______________
4.     for f in files:
5.         print(os.path.join(curDir,f))
6.     #代码第 7、8 行的作用是______________
7.     for d in dirs:
8.         print(os.path.join(curDir,d))
```

运行测试：Shell 交互窗口中的运行结果如下。

```
>>>
==============RESTART:D:\案例 10-5.py==============
c:\Python_test\image.png
c:\Python_test\sample.pdf
c:\Python_test\sample.txt
c:\Python_test\xin.png
c:\Python_test\古诗词.pdf
c:\Python_test\实验 1.py
c:\Python_test\测试读取.txt
c:\Python_test\计算机发展历程.txt
c:\Python_test\说明.txt
c:\Python_test\财务信息系统培训资料一(科研人员版).docx
c:\Python_test\目录 1
c:\Python_test\目录 2
c:\Python_test\目录 3
c:\Python_test\目录 4
c:\Python_test\目录 5
c:\Python_test\目录 2\词.txt
c:\Python_test\目录 5\stunew.xlsx
c:\Python_test\目录 5\新建文本文档.txt
```

站点小记：

(1)在 os 模块的 walk 函数返回值中，curDir 中记录了当前扫描的路径(如本例题中的 c:\Python_test)，使用 os.path.join 把 curDir 和扫描结果拼接，构造绝对路径如代码第 5、8 行。

(2)os 模块的 walk 函数会对子文件夹进行扫描，如运行结果最后 3 行。

案例 10-6 创建文件夹、复制文件

在图 10-1 所示文件夹 Python_test 中完成如下操作。

(1) 用程序建立文件夹“test1”。

(2) 所有 txt 文件复制到“目录 1”文件夹中，不包含子文件夹中的 txt 文件。

问题解析：

(1) 用 os 模块中的 walk 函数扫描文件夹，mkdir 函数创建文件夹。

(2) 用 shutil 模块的 copy 函数复制文件。

(3) 若没有安装过 shutil 模块，则执行 pip install pytest-shutil 进行安装。

代码设计：

```
1. import os
2. import shutil
3. if not os.path.exists(r'c:\Python_test\test1'):
4.     os.mkdir(r'c:\Python_test\test1')
5. else:
6.     print('文件夹已经存在')
7. for curDir,dirs,files in os.walk(r'c:\Python_test'):   #扫描对应文件夹
8.     if(curDir!='c:\Python_test'):          #防止进入子文件夹扫描
9.         continue
10.    for f in files:
11.        if(os.path.splitext(f)[1]=='.txt'):
12.            s=os.path.join(curDir,f)       #拼接文件路径
13.            d=r'c:\Python_test\目录1'       #复制目标路径
14.            shutil.copy(s,d)
```

运行测试： 运行结果如图 10-4 所示。

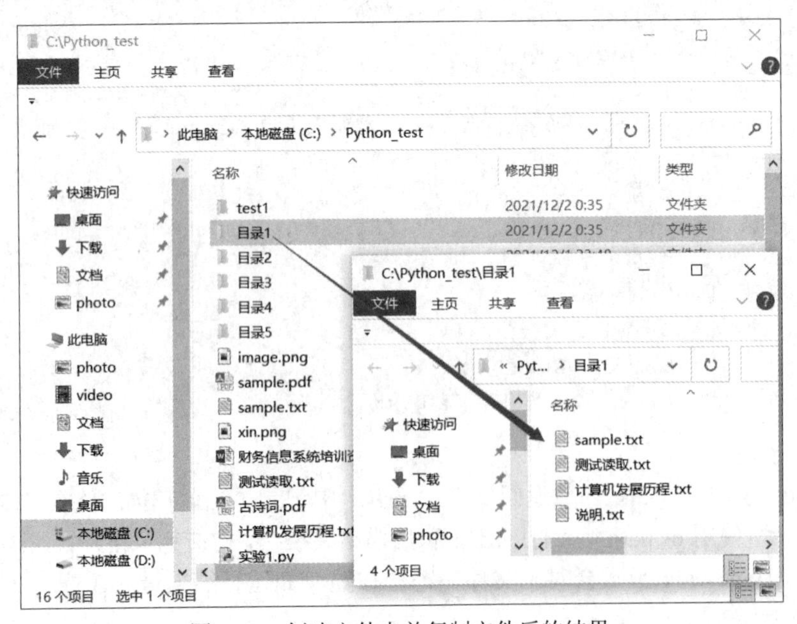

图 10-4 创建文件夹并复制文件后的结果

站点小记：

(1)在使用os模块的walk函数，会逐层扫描每个子文件夹，为了防止识别到子文件夹中的txt文件，代码第8、9行进行了子文件夹扫描拦截。

(2)用文件的扩展名可以判断文件类型从而进行后续操作，如代码第11行。

案例10-7 删除、重命名、移动指定类型文件

编程实现在图10-1所示Python_test文件夹及其子文件夹中完成如下操作。

(1)删除所有扩展名为py的文件，并显示删除的文件名。

(2)所有扩展名为txt的文件重命名为“文本1.txt、文本2.txt、文本3.txt…”。

(3)所有为png的文件移动到“目录3”中(不包含“目录3”中的png文件)，显示被移动的文件名。

问题解析：

(1)用os模块中的rename函数给文件重命名，remove函数删除文件。

(2)用shutil模块的move函数移动文件。

代码设计：

```
1. import os
2. import shutil
3. i=1
4. for curDir,dirs,files in os.walk(r'c:\Python_test'):  #扫描对应文件夹
5.     for f in files:
6.         s=os.path.join(curDir,f)                  #当前读取到的文件路径
7.         if(os.path.splitext(f)[1]=='.py'):
8.             os.remove(s)
9.             print(f'已删除文件:{f}')
10.        if(os.path.splitext(f)[1]=='.png'):
11.            if(curDir!='c:\Python_test\目录3'):
12.                d=r'c:\Python_test\目录3'
13.                shutil.move(s,d)
14.                print(f'已移动文件:{f}')
15.        if(os.path.splitext(f)[1]=='.txt'):             #处理txt文件
16.            d=os.path.join(curDir,'文本'+str(i)+'.txt') #重命名的文件名和路径
17.            os.rename(s,d)                       #本句代码作用是____________
18.            i=i+1
```

运行测试： Shell交互窗口中的运行结果如下。

```
>>>
==============RESTART:D:\案例10-7.py==============
已移动文件:image.png
已删除文件:实验1.py
```

站点小记： 在使用os模块的walk函数，会逐层扫描每个子文件夹，因此在代码第5行对应的文件循环中会依次扫描子文件夹，并对其中的py文件、png文件和txt文件分别进行删除、移动和重命名操作。

10.3 冲关任务——文件操作应用

任务 10-1 图 10-5 所示文件夹 Python_task 中有多个 txt 文件(均为 utf-8 编码)，韩梅需要查看其中每个文件的内容，由于文件较多不便于一个个文件双击查看，韩梅需要实现文件逐个自动被打开并显示其中的内容，同时计算并显示程序的运行时间。

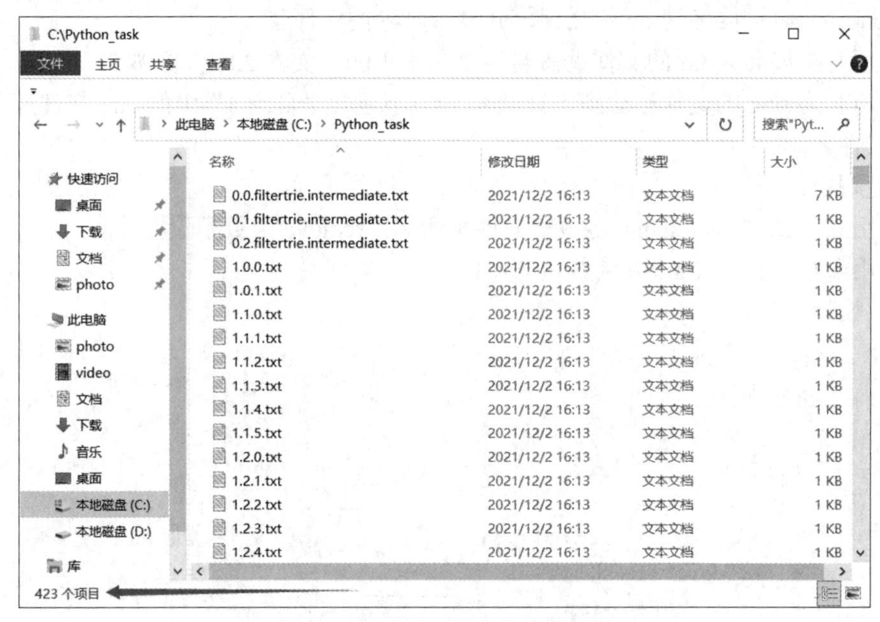

图 10-5 423 个 txt 文件存储位置

提示：建议用 os 模块中的 walk 函数扫描文件夹，用 read 函数读取文件内容并显示，用 time 库的 perf_counter 函数计算程序运行时间。

任务 10-2 在图 10-5 所示的多个 txt 文件中(均为 utf-8 编码)，李雷需要在其中找到内容包含“error”的文件，并将这些文件中的“error”替换为“success”。

提示：在读出文件内容替换后要写回文件。

任务 10-3　韩梅想模拟 Windows 系统的搜索功能，即根据用户输入内容，对图 10-5 所示的 txt 文件(均为 utf-8 编码)进行内容搜索，显示包含用户输入内容的文件路径。

任务 10-4　李雷需要把图 10-5 所示的 txt 文件中占用空间大于 3KB 的文件路径记录到新文件 report.txt(新文件存于图 10-5 所示文件夹中)，新文件每行记录一个文件绝对路径。若没有满足条件的文件，则创建一个空文件 report.txt。

提示：os.path.getsize('文件路径')可读取文件占用空间大小，以字节为单位。

10.4　关 卡 任 务

李雷和韩梅要完成多个文件中内容的查找和替换，即对图 10-5 所示多个 txt 文件(均为 utf-8 编码)进行如下处理。

(1)根据用户输入的查找内容和替换内容进行替换操作，替换后的内容存入新文件，新文件以“新文本 1.txt、新文本 2.txt、新文本 3.txt…”依次命名，新文件也存于图 10-5 所示文件夹中。

(2)根据用户输入的查找内容进行比对，删除没有内容匹配的文件，并在新文件 report.txt 中记录已删除的文件绝对路径(新文件存于图 10-5 所示文件夹中)。

第 11 章 PDF 文件处理与可视化

PDF 文件是一种常用于论文、公文等场景的文档格式文件。韩梅无法直接读取 PDF 文件内容进行可视化输出，于是请求李雷帮忙用 Python 程序读取 PDF 文件内容，将指定的部分筛选出生成词云图。

完成上述任务，他们需要学习 Python 第三方库中针对 PDF 文件处理、中文分词以及创建词云图的相应模块，在热身加油站补充能量观察并分析各个案例程序，思考其中的代码逻辑，然后在冲关任务中熟悉基础应用，最后完成关卡任务。

11.1　冲关知识准备——PDF 处理、分词与词云

1. PDF 文件操作

PDF 的英文全称是 Portable Document Format，中文意思是可移植文档，它是一种独立于应用程序、硬件、操作系统的文件格式。每个 PDF 文件包含固定布局的平面文档的完整描述，它使用.pdf 作为扩展名，具有跨平台、适合阅读、体积小、信息丰富多样、不易编辑和安全性较高的优点，被广泛用于公告、通知、文件发布、公文、论文发布等场景。Python 通过第三方库的 pdfplumber 模块可以实现对 PDF 文件提取文字和表格数据等操作，其常见操作如下。

格式：

```
import pdfplumber
pdf=pdfplumber.open(文件路径)
pdf.pages[页码].extract_text()        #提取页面内的文本
pdf.pages[页码].extract_table()       #提取页面内表格
pdf.close()
```

说明：

(1)“文件路径”参数是指需要打开的 PDF 文件路径，若和当前 py 文件在同一目录中，可只给出文件名。

(2) 用 pdfplumber 模块的 open 函数打开文件后，返回文件对象存入变量 pdf(变量名可修改)。使用 pdf.pages 表示打开文件的所有页面。

(3)“页码”参数表示要引用的文件页码，从 0 开始计数，即文件第 1 页对应的“页码”参数为 0。

(4) extract_table 函数提取到页面中的表格数据，结果为列表类型。

(5) 读取文件后调用 close 函数关闭操作，释放文件。

(6) 若没有安装 pdfplumber，则先在 cmd 窗口执行 pip install pdfplumber 命令。

2. 中文分词

分词就是将连续的字序列按照一定规范重新组合成词序列的过程，在 Python 第三方库中，pkuseg 是一个具有较高准确率的中文分词模块，使用非常简单，其常见操作如下。

格式：

```
import pkuseg
s=pkuseg.pkuseg()          #创建模型并把模型返回值存入变量 s
s.cut(文本)                #进行分词，返回列表类型结果
```

说明：

(1) 创建模型时还可以指定模型参数、字典参数和词性参数进行专业分词操作，具体操作请参考 gitcode.net 中 pkuseg 的官方文档。

(2) “文本”参数表示待分词的文本。

(3) 若没有安装 pkuseg，则先在 cmd 窗口执行 pip install pkuseg 命令。

3. 词云生成

词云也叫文字云，对文本中的“关键词”按出现频率高低予以视觉化的展现，如图 11-1 所示词云图，单词字号随出现频率由大变小，使浏览者只要一眼扫过就能过滤掉低频的文本信息，直接领会文本的主旨。在 Python 的第三方库中，通过 wordcloud 模块就可以用简单的代码将一段文本生成词云。

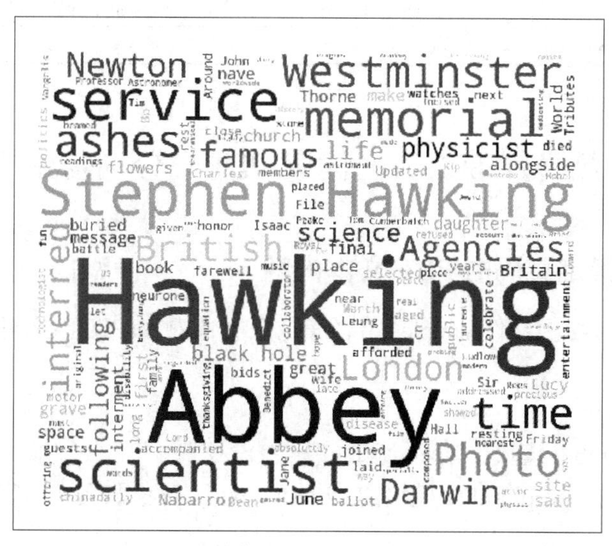

图 11-1　词云图

格式：

```
import wordcloud
w=wordcloud.WordCloud()      #生成词云对象，赋值给 w
w.generate(文本)             #加载词云文本，生成词云
```

```
w.to_file(文件名)                 #词云写入图片文件(支持png或jpg格式文件)
```

说明：

(1) 在生成词云时，wordcloud 默认以空格或标点为分隔符对目标文本进行分词处理，这适用于英文文本。对于中文文本，一般步骤是先将文本分词处理，以空格拼接，再使用 wordcloud 模块中相应功能来完成词云图生成。

(2) 在生成词云对象时，可以指定如表 11-1 所示的常用参数，需要指定多个参数时，中间用英文逗号分隔。

(3) “文本”参数代表生成词云的文本。

(4) “文件名”参数代表保存词云结果的图片文件名。

(5) 若没有安装 wordcloud，则先在 cmd 窗口执行 pip install wordcloud 命令。

表 11-1 生成词云对象的常用参数

参数	功能描述
width	指定词云图的宽，如 worldcloud.WorldCloud(width=200)
height	指定词云图的高，如 worldcloud.WorldCloud(height=200)
scale	缩放比例，常用于调整词云图的清晰度，缩放比例越大清晰度越高
font_path	指定字体路径，中文词云必须指定
mask	指定词云图形状，默认长方形，若需指定图片为词云形状，则需引用第三方库的 imageio 模块，如指定图片 picture.png 为词云形状： import imageio M=imageio.imread('picture.png') W=wordcloud.WordCloud(mask=M) 若没有安装 imageio，则先在 cmd 窗口执行 pip install imageio 命令
background_color	指定词云图背景颜色

11.2 热身加油站——读取 PDF、分词与生成词云

案例 11-1 读取指定页码的 PDF 文本内容

读取并输出图 11-2 中文件 sample.pdf 的第 3 页文本内容。PDF 文件第 3 页内容如图 11-3 所示。

问题解析：

(1) 使用 pdfplumber 模块的 open 函数打开 PDF 文件。

(2) 指定页码，用 pdfplumber 模块的 extract_text 函数获取文本内容。

代码设计：

```
1. import pdfplumber
2. pdf=pdfplumber.open(r'c:\Python_test\sample.pdf')  #r 防止\被理解为转义符
3. print(pdf.pages[2].extract_text())
4. pdf.close()
```

运行测试：Shell 交互窗口中的运行结果如下。

```
>>>
==============RESTART:D:\案例 11-1.py==============
2.实验内容：
    (1)编程实现摄氏度和华氏度两种不同温度表示之间的互相转换，要求输入摄氏温度，以 C 结尾，
程序自动将其转换为华氏温度，反之输入华氏温度以 F 结尾，程序自动将其转换为摄氏温度。
    (2)使用 Python 中的 turtle 库，绘制一条蟒蛇。
```

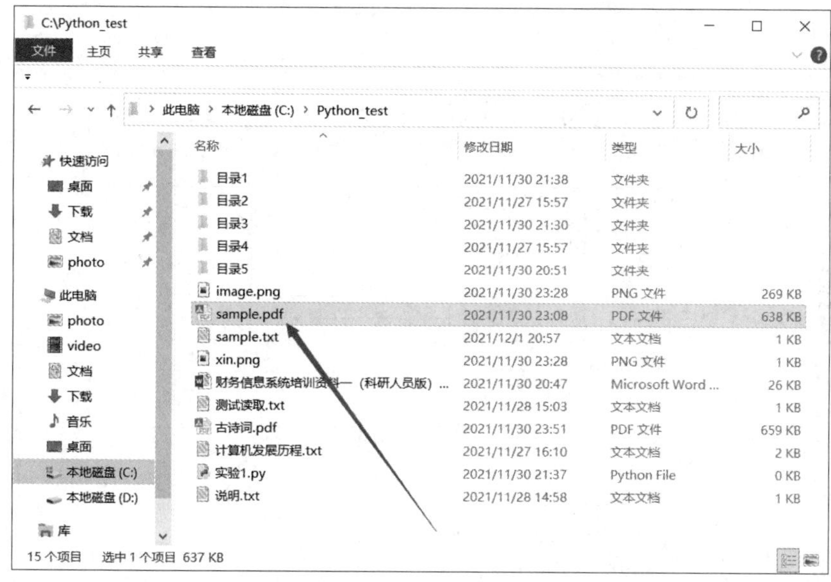

图 11-2　sample.pdf 存放位置

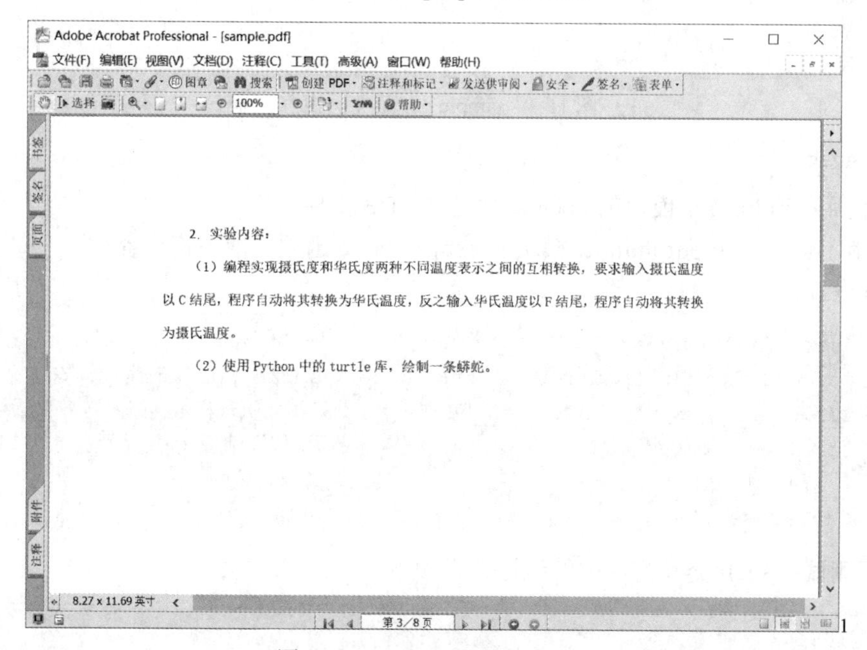

2. 实验内容：

（1）编程实现摄氏度和华氏度两种不同温度表示之间的互相转换，要求输入摄氏温度以 C 结尾，程序自动将其转换为华氏温度，反之输入华氏温度以 F 结尾，程序自动将其转换为摄氏温度。

（2）使用 Python 中的 turtle 库，绘制一条蟒蛇。

图 11-3　sample.pdf 第 3 页内容

站点小记：

(1) 使用 pdfplumber 读取 PDF 文件前，必须先将文件打开获得一个文件变量，如代码第 2 行中的文件变量 pdf。

(2) 从运行结果与图 11-3 对比可以看出，读取 PDF 文本内容时，每行文字读完都会换行。

案例 11-2　读取指定页码的 PDF 表格内容

读取并输出图 11-2 中文件 sample.pdf 第 4 页表格内容。PDF 文件第 4 页内容如图 11-4 所示。

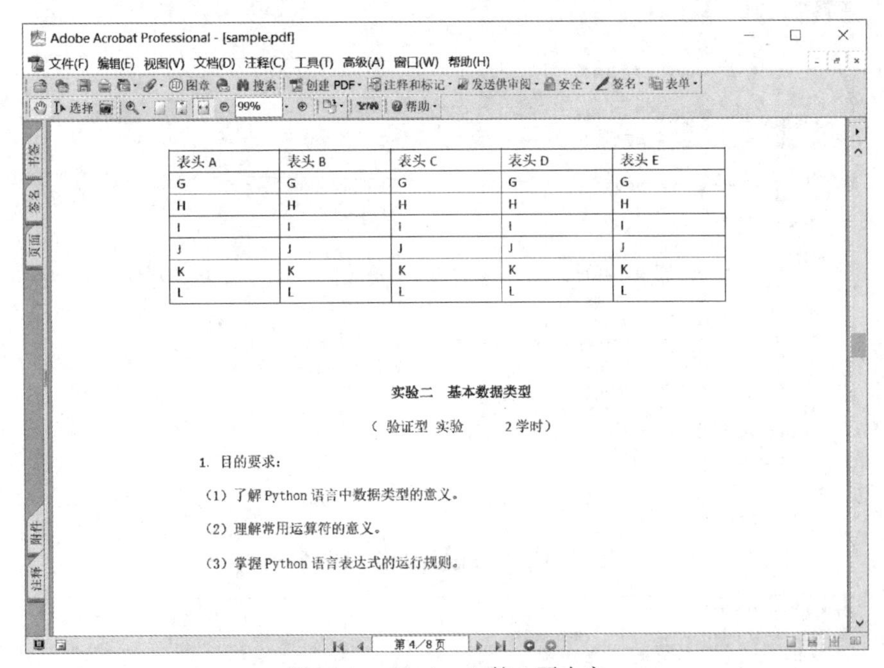

表头 A	表头 B	表头 C	表头 D	表头 E
G	G	G	G	G
H	H	H	H	H
I	I	I	I	I
J	J	J	J	J
K	K	K	K	K
L	L	L	L	L

实验二　基本数据类型

（验证型 实验　　2 学时）

1. 目的要求：

（1）了解 Python 语言中数据类型的意义。

（2）理解常用运算符的意义。

（3）掌握 Python 语言表达式的运行规则。

图 11-4　sample.pdf 第 4 页内容

问题解析：

(1) 使用 pdfplumber 模块的 open 函数打开 PDF 文件。

(2) 指定页码，用 pdfplumber 模块的 extract_table 函数获取表格内容。

代码设计：

```
1. import pdfplumber
2. pdf=pdfplumber.open(r'c:\Python_test\sample.pdf')#r 防止\被理解为转义符
3. tables=pdf.pages[3].extract_table() #获取第 4 页表格数据存入列表变量 tables
4. for i in tables:                    #遍历列表，把表格按行显示
5.     print(i)
6. pdf.close()
```

运行测试：Shell 交互窗口中的运行结果如下。

```
>>>
==============RESTART:D:\案例 11-2.py==============
['表头 A','表头 B','表头 C','表头 D','表头 E']
```

```
['G','G','G','G','G']
['H','H','H','H','H']
['I','I','I','I','I']
['J','J','J','J','J']
['K','K','K','K','K']
['L','L','L','L','L']
```

站点小记：使用 extract_table 函数获取的表格每一行为一列表，整个表格数据是以嵌套列表格式存放的，因此运行测试效果中看到代码第 4、5 行对应的输出结果是典型的嵌套列表格式数据。

案例 11-3　读取 PDF 所有表格内容

在图 11-2 所示位置创建文件夹“目录 6”，将文件 sample.pdf 中所有表格内容读出并以字符格式记录到“目录 6”中 tableresult.txt 文件。

问题解析：

(1) 在案例 11-2 思路的基础上，根据页码遍历所有页面，逐页处理。

(2) extract_table 函数读取到表格每行返回列表数据，需要对其进行逐个元素提取并拼接为字符。

代码设计：

```
1. import pdfplumber
2. import os
3. if not os.path.exists(r'c:\Python_test\目录 6'):
4.     os.mkdir(r'c:\Python_test\目录 6')
5. f=open(r'c:\Python_test\目录 6\tableresult.txt','w',encoding='utf-8')
6. pdf=pdfplumber.open(r'c:\Python_test\sample.pdf')
7. s=''
8. for i in range(len(pdf.pages)):
9.     table=pdf.pages[i].extract_table()
10.    if table!=None:
11.        for line in table:
12.            strNums=[str(x)for x in line]
13.            s=s+','.join(strNums)+'\n'
14.f.write(s)
15.pdf.close()
16.f.close()
```

运行测试：运行结果如图 11-5 所示。

站点小记：

(1) 逐页遍历 PDF 文件，根据每页是否有表格做相应处理，需要结合 for 循环实现，如代码第 8～13 行。

(2) 若当前页面没有表格数据 extract_table 函数返回值为 None，如代码第 10 行。

(3) 对读取到的表格(列表格式数据)逐行获取其中元素拼接为逗号分隔的字符串，如代码第 12、13 行。

(4) 本例题是对 PDF 文件的操作，其实 Python 操作 word 文件也非常简单，如第三方库的 Python-docx 模块，读者可以自行查阅其官方文档 python-docx.readthedocs.io/en/latest。

(5) 针对 PDF 文件除了读取内容，还有分割与合并等常用操作，使用第三方库的 PyPDF2 模块可以很方便地实现，具体请读者查阅官方文档。

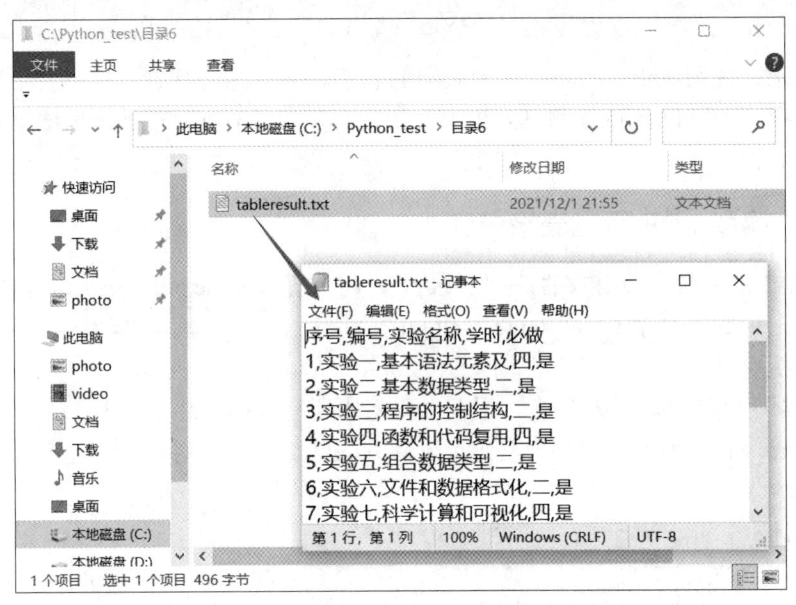

图 11-5 读取 sample.pdf 的表格内容

案例 11-4 分词并统计词频

在图 11-6 所示位置的“计算机发展历程.txt”文件中读出其内容(图 11-7)进行分词，并显示出现频率最高的前 10 个词，以及对应的出现次数(标点符号不能单独记为词)。

问题解析：

(1) 使用 pkuseg 模块进行分词操作。

(2) 结合字典结构进行词频统计。

代码设计：

```
1. import pkuseg
2. f=open(r'c:\Python_test\计算机发展历程.txt','r',encoding='utf-8')
3. seg=pkuseg.pkuseg() #创建模型并把模型存入变量 seg
4. t=seg.cut(f.read()) #f.read()的功能是________，t 中存放的数据类型是________
5. tnew=[]              #用空列表来记录去掉标点符号后的分词结果
6. for item in t:
7.     if item not in '、！!，,。."”':
8.         tnew.append(item)
9. count_dict={}         #用字典进行词频统计
10.for item in tnew:
11.    count_dict[item]=count_dict[item]+1 if item in count_dict else 1
12.w=sorted(count_dict.items(),key=lambda x:x[1],reverse=True)[:10]
13.for key,value in w:      #w 记录了字典 count_dict 中次数前 10 位的元素
```

```
14.    print("'{}'出现了{}次".format(key,value))
15.f.close()
```

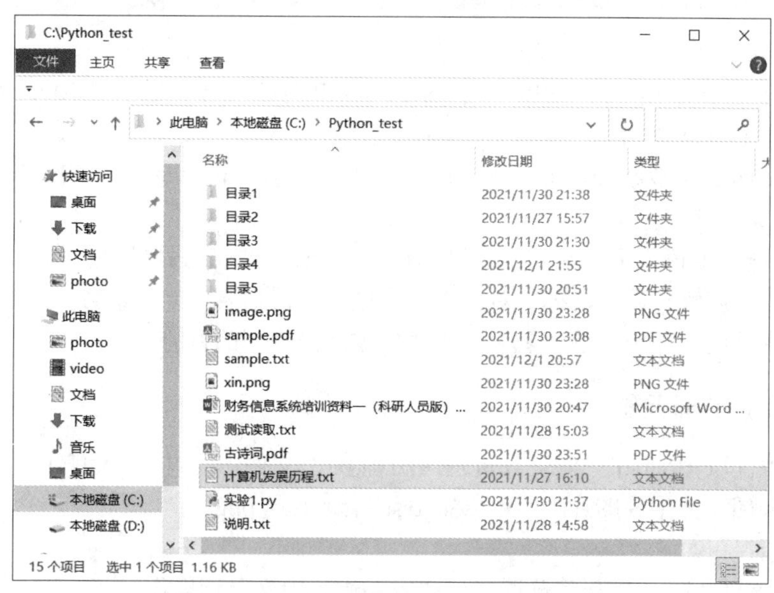

图 11-6　“计算机发展历程.txt”文件存放位置

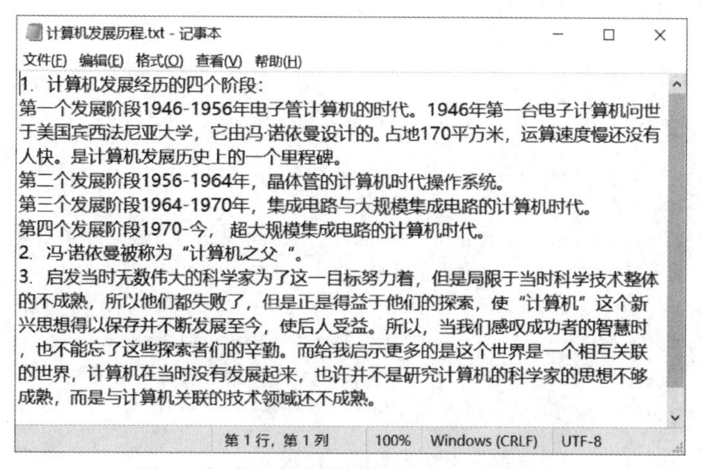

计算机发展历程.txt - 记事本

文件(F)　编辑(E)　格式(O)　查看(V)　帮助(H)

1. 计算机发展经历的四个阶段:
第一个发展阶段1946-1956年电子管计算机的时代。1946年第一台电子计算机问世于美国宾西法尼亚大学，它由冯·诺依曼设计的。占地170平方米，运算速度慢还没有人快。是计算机发展历史上的一个里程碑。
第二个发展阶段1956-1964年，晶体管的计算机时代操作系统。
第三个发展阶段1964-1970年，集成电路与大规模集成电路的计算机时代。
第四个发展阶段1970-今，超大规模集成电路的计算机时代。
2. 冯·诺依曼被称为“计算机之父“。
3. 启发当时无数伟大的科学家为了这一目标努力着，但是局限于当时科学技术整体的不成熟，所以他们都失败了，但是正是得益于他们的探索，使“计算机”这个新兴思想得以保存并不断发展至今，使后人受益。所以，当我们感叹成功者的智慧时，也不能忘了这些探索者们的辛勤。而给我启示更多的是这个世界是一个相互关联的世界，计算机在当时没有发展起来，也许并不是研究计算机的科学家的思想不够成熟，而是与计算机关联的技术领域还不成熟。

第 1 行，第 1 列　100%　Windows (CRLF)　UTF-8

图 11-7　“计算机发展历程.txt”文件内容

运行测试：Shell 交互窗口中的运行结果如下。

```
>>>
==============RESTART:D:\案例 11-4.py==============
'的'出现了 17 次
'计算机'出现了 12 次
'发展'出现了 8 次
'个'出现了 5 次
'阶段'出现了 5 次
'时代'出现了 4 次
'是'出现了 3 次
```

```
'集成'出现了 3 次
'电路'出现了 3 次
'当时'出现了 3 次
```

站点小记：

(1)为了输出出现频率前十的词，用 sorted 函数对字典排序并取出前 10 个元素[:10]，记录到 w 中，如代码第 12 行。

(2)sorted 函数中参数 key=lambda x:x[1]表示按字典 count_dict 中每个 key:value 的 value 值(即出现次数)排序。

(3)标点符号或语气词等无实际意义的词，这类词常被称为停用词，分词过程中若文本包含停用词，应将它们过滤掉。对应思路是遍历当前列表如代码第 6～8 行，判断并记录列表数据中不属于停用词的元素，从而达到过滤停用词的目的。

案例 11-5　基本词云图

编程实现读取图 11-6 中"计算机发展历程.txt"文件中的内容，为其中词按出现频率高低绘制词云图，并生成图片"c:\Python_test\目录 4\wc.png"。

问题解析：

(1)参考案例 11-4，需要先读取文件内容并进行中文分词操作。

(2)用 wordcloud 模块中可实现词云生成。

代码设计：

```
1. import pkuseg,wordcloud
2. f=open(r"c:\Python_test\计算机发展历程.txt","r",encoding="utf-8")
3. seg=pkuseg.pkuseg()            #加载模型并把返回值存入变量 seg
4. t=seg.cut(f.read())            #分词操作
5. t=" ".join(i for i in t)       #把列表数据转换为空格分隔的字符串
6. #生成词云对象，并设置字体文件为宋体
7. w=wordcloud.WordCloud(font_path=r"c:\windows\fonts\simsun.ttc")
8. w.generate(t)                  #根据 t 中内容生成词云
9. w.to_file(r"c:\Python_test\目录 4\wc.png")  #词云结果写入图片文件
10.f.close()
```

运行测试：运行后生成的词云图文件如图 11-8 所示。

站点小记：

(1)" ".join(i for i in t)可通过 for 循环依次取出 t 中元素，并将每个元素 i 用空格拼接后组成一个字符串，如代码第 5 行。

(2)为了让中文词云图中不出现乱码，生成词云对象时指定了字体参数，如代码第 7 行。其中"c:\windows\fonts\simsun.ttc"是 Windows 操作系统自带的"宋体"对应的字体文件路径。其他字体读者可以在"c:\windows\fonts"目录下查看。

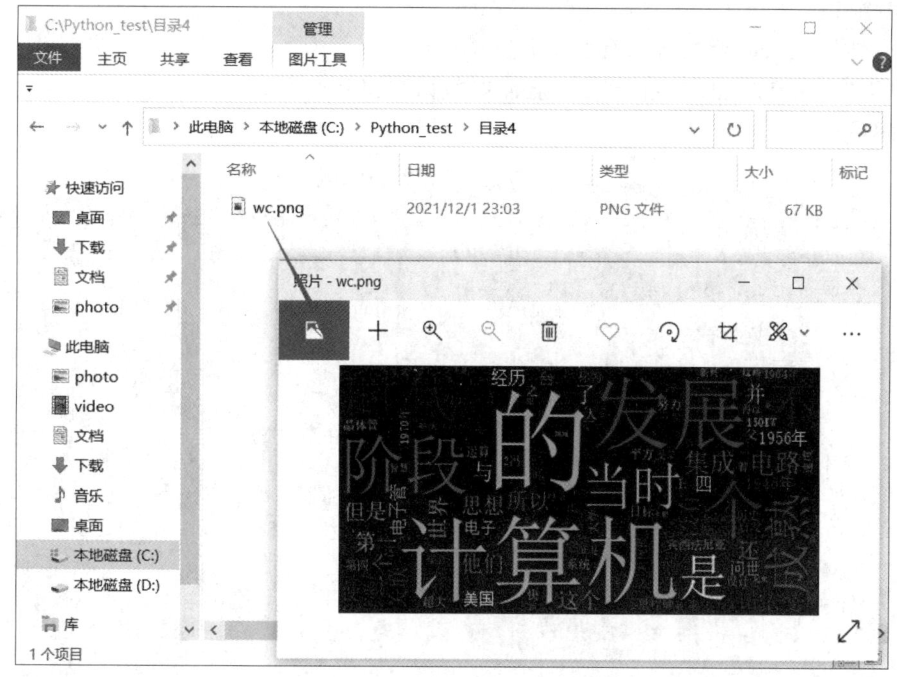

图 11-8　“计算机发展历程.txt”文件对应的基础词云图

案例 11-6　指定形状的词云图

在案例 11-5 的基础上，按图 11-9 所示的“xin.png”文件形状生成词云并直接显示，同时把生成的词云图保存到文件“c:\Python_test\目录 4\wc1.png”。

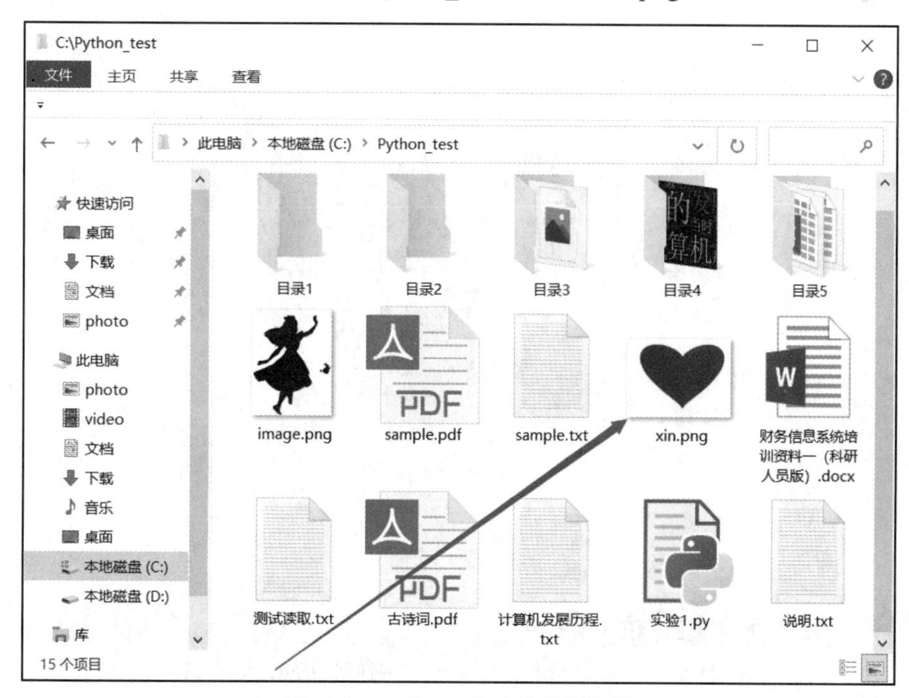

图 11-9　“xin.png”文件存放位置

问题解析：

(1) 引用 imageio 模块读入形状图片 xin.png。

(2) 生成 wordcloud 对象时通过 mask 参数指定词云形状。

代码设计：

```
1. import pkuseg,wordcloud ,imageio
2. import matplotlib.pyplot as plt     #导入 matplotlib 包中 pyplot 模块
3. f=open(r'c:\Python_test\计算机发展历程.txt','r',encoding='utf-8')
4. seg=pkuseg.pkuseg()
5. t=seg.cut(f.read())
6. f.close()
7. t=" ".join(i for i in t)
8. M=imageio.imread(r'c:\Python_test\xin.png')     #读取形状图片
9. p=r'c:\windows\fonts\simsun.ttc'                #字体文件对应路径
10.#创建 wordcloud 对象指定了形状、背景、字体和缩放比例参数
11.w=wordcloud.WordCloud(mask=M,background_color='white',font_path=p,
   scale=32)
12.w.generate(t)
13.w.to_file(r'c:\Python_test\目录 4\wc1.png')     #词云结果写入图片文件
14.plt.imshow(w)                                   #加载图片数据
15.plt.axis('off')                                 #隐藏坐标轴
16.plt.show()                                      #显示图片
```

运行测试：运行结果如图 11-10 所示，生成的词云图文件如图 11-11 所示。

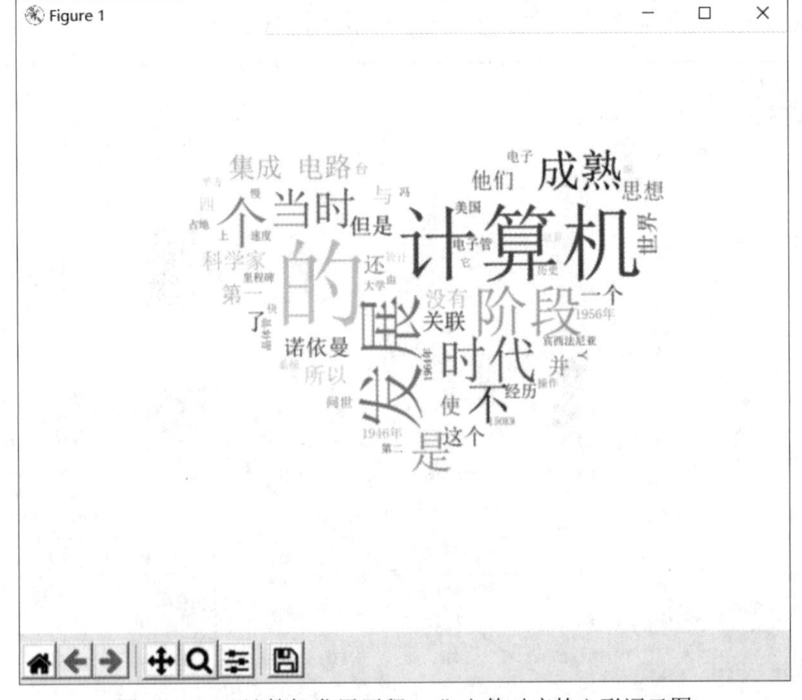

图 11-10 “计算机发展历程.txt”文件对应的心形词云图

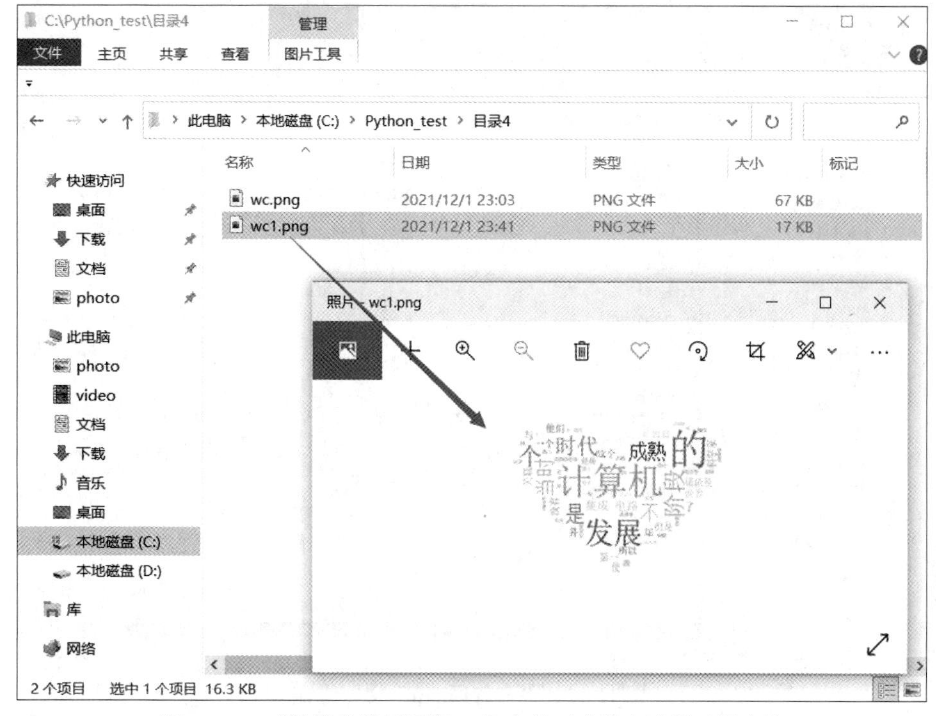

图 11-11　“计算机发展历程.txt”文件对应的心形词云图文件

站点小记：

(1) 程序使用了 matplotlib 包的 pyplot 模块显示词云，具体用法读者可以参考代码第 14～16 行。

(2) 生成词云图时，缩放比例越大图片清晰度越高，但是会导致生成词云图时间更长，如代码第 11 行的 scale 参数。

11.3　冲关任务——读取 PDF 内容、文本分词与可视化

任务 11-1　图 11-12 所示位置的“古诗词.pdf”文件，要求李雷输出文件中提到“人生”一词的所有语句。(一行视为一条语句)

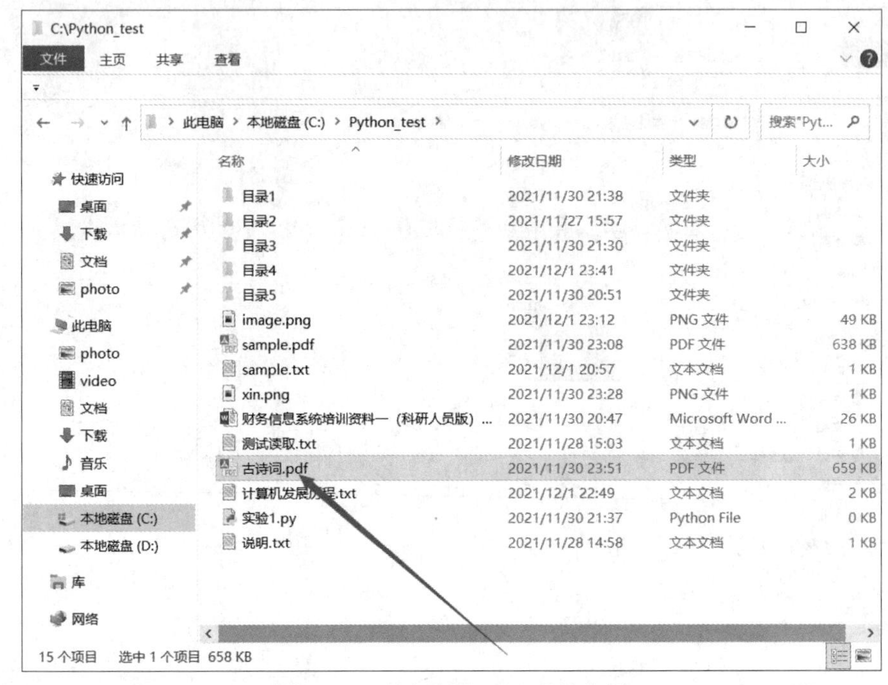

图 11-12 “古诗词.pdf”文件位置

提示：建议用 pdfplumber 模块相关功能读取文件内容，并按每页、每行做相应处理。

任务 11-2 韩梅需要把如下唐代著名诗人李白的《将敬酒》进行分词，并显示出现频率最高的 5 个词及其出现次数(不能把标点符号计算为一个词)。

君不见，黄河之水天上来，奔流到海不复回。

君不见，高堂明镜悲白发，朝如青丝暮成雪。

人生得意须尽欢，莫使金樽空对月。

天生我材必有用，千金散尽还复来。

烹羊宰牛且为乐，会须一饮三百杯。

岑夫子，丹丘生，将进酒，杯莫停。

与君歌一曲，请君为我倾耳听。

钟鼓馔玉不足贵，但愿长醉不复醒。

古来圣贤皆寂寞，惟有饮者留其名。

陈王昔时宴平乐，斗酒十千恣欢谑。

主人何为言少钱，径须沽取对君酌。

五花马、千金裘，呼儿将出换美酒，与尔同销万古愁。

提示：使用 pkuseg 即可实现分词并做词频统计，其中要把标点符号当作停用词处理。

任务 11-3　在图 11-13 位置中有“词.txt”文件，该文件中每行记录了一个词，韩梅想把该文件中的词按出现频率高低用词云图进行可视化展示，词云图尺寸为 200×200，背景为粉红色。

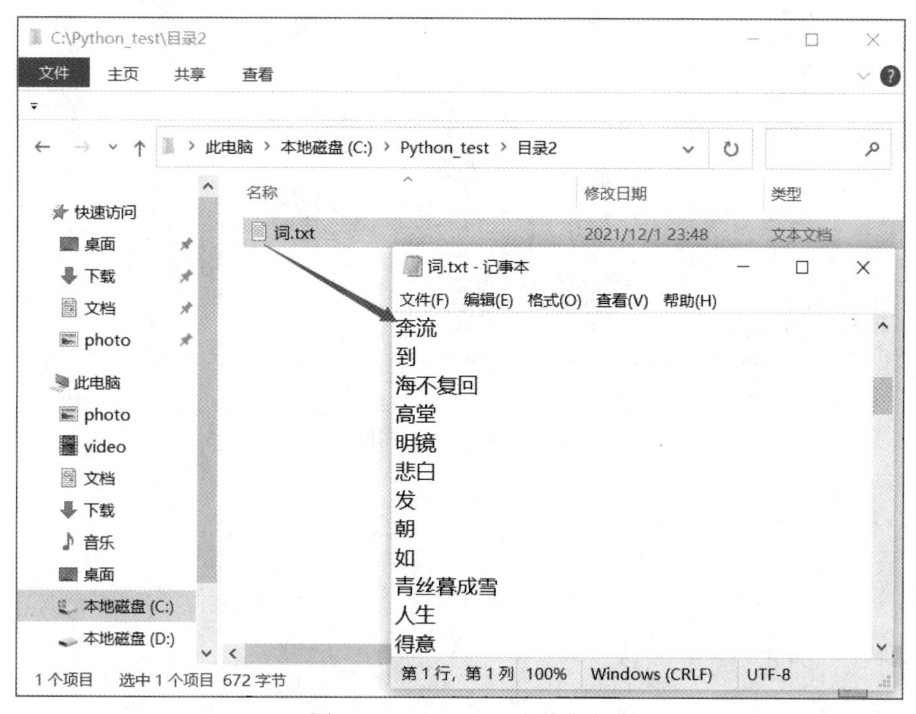

图 11-13　“词.txt”文件内容

11.4　关卡任务

韩梅请李雷帮忙把 PDF 文件中指定的内容生成词云。具体要对图 11-12 所示的“古诗词.pdf”文件按如下要求进行处理。

(1) 查找 PDF 文件中含“春”的语句，一行认为是一条语句。

(2) 对以上含“春”的语句进行分词处理(不能把标点符号计算为一个词)。

(3) 将分词后的结果出现频率前十的词，以白色为背景，按图 11-14 中 image.png 形状生成词云并显示。

图 11-14　image.png 文件位置

第 12 章

Excel 数据处理与可视化

李雷和韩梅要帮老师完成数据统计任务，首先需要读取多个 Excel 文件中的考生数据，对它们进行分类汇总，然后对汇总后的数据进行可视化展示。

完成上述任务，他们需要学习第三方库中关于 Excel 文件操作和数据处理相关的 xlwings 模块，针对数据可视化显示需求，他们还需要学习 pyecharts 模块的相关操作；在热身加油站补充能量观察并分析各个案例程序，思考其中的代码逻辑，然后在冲关任务中熟悉基础应用，最后完成关卡任务。

12.1 冲关知识准备——处理 Excel、数据可视化

1. Excel 文件操作与数据处理

在 Python 操作 Excel 的模块中，利用 xlwings 模块能够非常方便地读写 Excel 数据，语法简单，模块常见的操作如下。

格式：

```
import xlwings as xw
wb=xw.Book(文件名)            #打开文件，并赋值给文件变量 wb
sht=wb.sheets.add[工作表名] #创建工作表，赋值给变量 sht
sht=wb.sheets[工作表名]      #引用工作表，赋值给变量 sht
sht.range(单元格名).value    #引用单元格内容
sht.range(单元格区域).value  #引用单元格区域内容
wb.save(文件名)              #保存文件
wb.app.kill()               #自动关闭打开的 Excel 文件
```

说明：

(1)“文件名”参数在打开、保存文件时使用，如 wb=xw.Book(r'd:\test\example.xlsx') 或 wb.save(r'd:\test\example.xlsx')。若 Excel 文件和当前代码在同一目录中，则可使用相对路径，只给出文件名。特别地，在 Book 函数中不指定文件名参数，表示创建一个空白的 Excel 文件对象。

(2)“工作表名”参数代表 Excel 文件中对应的工作表，工作表的相关操作如表 12-1 所示。

表 12-1　工作表的常用操作

用法（wb 为 Excel 文件变量）	功能描述
sht=wb.sheets['sheet1']	引用名称为 Sheet1 的工作表，存入变量 sht
wb.sheets.add['test']	创建名称为 test 的工作表，配合 save 函数执行后生效

（3）“单元格名”参数用于单元格内容的引用操作（读取和写入），具体如表 12-2 所示。

表 12-2　单元格的常用操作

用法（sht 为工作表变量）	功能描述
r=sht.range('a1').value	读取 a1 单元格内容存入变量 r
sht.range('a1').value=25	向 a1 单元格写入数字 25

（4）“单元格区域”参数对单元格区域的引用操作（读取和写入），其中读取或写入的数据都是列表形式，具体如表 12-3 所示。

表 12-3　单元格区域的常用操作

用法（sht 为工作表变量）	功能描述
sht.range('a1:d1').value=[1,2,3,4]	把列表中四个元素分别写入 a1、b1、c1、d1 单元格，即实现按行插入。同时可简写为 sht.range('a1').value=[1,2,3,4]
sht.range('a1:d2').value=[[1,2,3,4],[5,6,7,8]]	以二维列表形式写入，把列表[1,2,3,4]中元素分别写入 a1、b1、c1、d1 单元格，[5,6,7,8]中元素分别写入 a2、b2、c2、d2 单元格
x=sht.range('a1:d1').value	读取 a1、b1、c1、d1 单元格数据以列表形式保存到变量 x 中。若是多行多列，返回数据为二维列表。数值类型数据返回的结果默认是浮点数

（5）多单元格数据读写除了借助“单元格区域”参数外，还有如表 12-4 所示用法。

表 12-4　多单元格数据读写

用法（sht 为工作表变量）	功能描述
sht.range('a1').value=[1,2,3,4]	把列表中四个元素分别写入 a1、b1、c1、d1 单元格，等效于 sht.range('a1:d1').value=[1,2,3,4]
sht.range('a3').options(transpose=True).value=[5,6,7,8]	按列插入，a3:a6 分别写入 5、6、7、8
sht.range('a6').expand('table').value=[['a','b','c'],['d','e','f'],['g','h','i']]	向 a6、a7、a8、b6、b7、b8、c6、c7、c8 单元格依次写入列表数据，实现多行输入
sht.range('a1').expand('table').value	读取以 a1 单元格为起点的行列数据（列表类型）
rng=sht.range('a1').expand('table') nrows=rng.rows.count ncols=rng.columns.count	获取以 a1 单元格为起点的行列数据对应的行数 nrows，列数 ncols
x=sht[0,0:ncols].value y=sht.range(f'a1:a{nrows}').value	配合上一段语句，读取第 1 行连续数据 x，第 1 列连续数据 y
sht.range('a:a').api.Insert()	在第 a 列位置插入新列，原有数据右移
sht.range('2:2').api.Insert()	在第 2 行位置插入新行，原有数据下移
sht.range('b4').api.Insert()	在 b4 位置插入单元格

(6) 处理完后自动关闭 Excel 文件，需要执行 wb.app.kill()，否则文件会在 Excel 软件中保持打开状态。

(7) 若没有安装 xlwings，则先在 cmd 窗口中执行 pip install xlwings 命令。

2. 数据可视化

在介绍一组数据时，一张图比一串数据更有说服力。pyecharts 就是 Python 的一种数据可视化神器，它的功能强大，可以实现数据视图、图表动态类型切换、图例开关、数据区域选择、多图联动等功能。以下用生成基本的柱形图和漏斗图为例进行说明，更多功能请读者参考官方文档：pyecharts.org/#/zh-cn/intro。

格式：

```
from pyecharts.charts import Bar                    #从 pyecharts 包中导入柱形图模块
bar=Bar()                                           #创建柱形图对象，赋值给变量 bar
bar.add_xaxis(列表数据)                              #指定柱形图 x 轴数据
bar.add_yaxis(图例名,列表数据)                        #指定柱形图图例名和 y 轴数据
bar.render()                                        #生成 html 格式柱形图文件
from pyecharts.charts import Funnel                 #从 pyecharts 包中导入漏斗图模块
funnel=Funnel()                                     #创建漏斗图对象,赋值给变量 funnel
funnel.add(series_name=名称,data_pair=数据)          #添加漏斗图数据
funnel.render()                                     #生成 html 格式柱形图文件
```

说明：

(1) 柱形图的创建：从 pyecharts 包中导入柱形图模块→创建柱形图对象→指定 x 轴、y 轴和图标数据→生成柱形图文件(html 格式)。

(2) 柱形图处理中“列表数据”参数是 x、y 轴对应的数据，须把数据按列表格式构造。

(3) 柱形图处理中“图例名”参数是字符串类型，可以是英文或汉字。

(4) 漏斗图的创建：从 pyecharts 包中导入漏斗图模块→创建漏斗图对象→添加数据→生成漏斗图文件(html 格式)。

(5) 漏斗图处理中“名称”参数对应内容，在鼠标指针移动到漏斗数据条时会被显示。

(6) 漏斗图处理中“数据”参数必须是列表类型，列表中每个元素必须是元组，如[(attr,value)]形式。

(7) 若没有安装 pyecharts，则先在 cmd 窗口中执行 pip install pyecharts 命令。

12.2　热身加油站——自动处理 Excel 与数据图

案例 12-1　创建 Excel 文件并写入内容

用 Python 代码在图 12-1 中位置创建 Excel 文件 stu.xlsx，并向其中写入图示内容。

问题解析：

(1) 按图 12-1 中 Excel 文件内容手动创建列表数据。

(2) 使用 xlwings 模块创建文件并写入数据。

代码设计：

```
1. import xlwings as xw
2. wb=xw.Book()
3. sht=wb.sheets["Sheet1"]                         #引用默认工作表 Sheet1
4. info_list=[["'20020073","已登记","计算机学院"],
              ["'20020053","未登记","文学院"],
              ["'20030082","已登记","数学学院"],
              ["'20101130","已登记","化学院"],
              ["'20070085","未登记","生物学院"]]
5. titles=["学号","状态","学院"]
6. sht.range("a1").value=titles                    #写入表头数据
7. sht.range("a2").value=info_list                 #写入表数据
8. wb.save(r"c:\Python_test\目录 5\stu.xlsx")     #路径前加 r 防止\被理解为转义符
9. wb.app.kill()
```

运行测试：运行结果如图 12-1 所示。

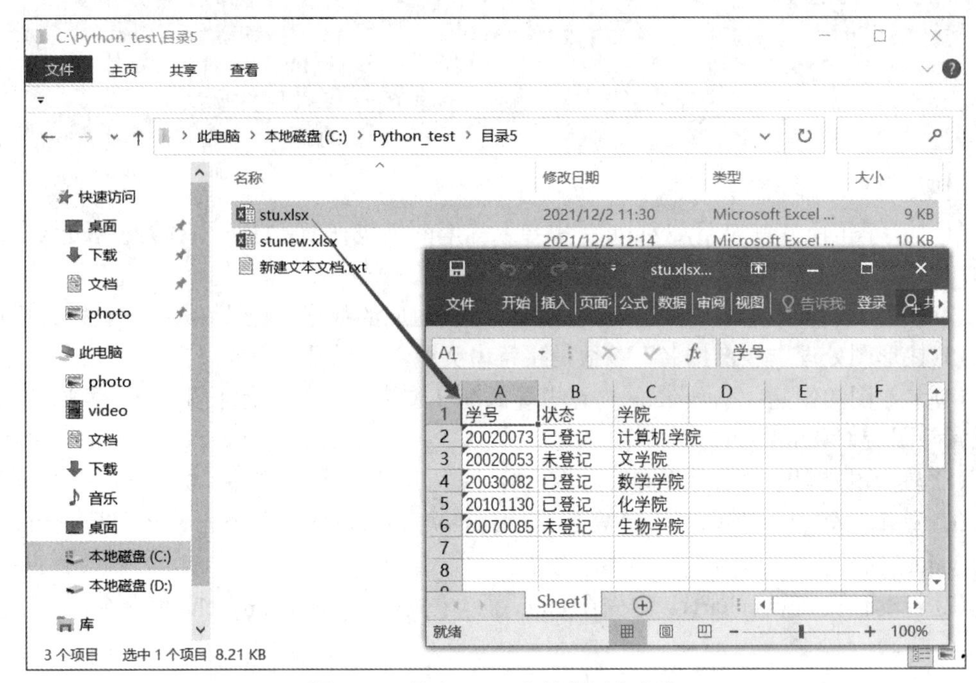

图 12-1 创建 Excel 文件并写入内容

站点小记：

(1) 创建 Excel 文件并写入内容，其流程是：创建 Excel 文件对象(如代码第 2 行)→引用或创建工作表(如代码第 3 行是引用默认工作表，创建工作表的方式见后续案例)→写入内容(如代码第 6、7 行)→保存文件(如代码第 8 行)。

(2) 对应的表数据，用二维列表存放，如代码第 4 行。

(3) 在写入 Excel 文件的数据中，数字前使用了单引号，是为了满足 Excel 数字转换为字符串的规则，把学号作为字符串写入单元格。

案例 12-2　比对 Excel 文件

在案例 12-1 生成 stu.xlsx 文件后，图 12-1 所示位置有 stu.xlsx 和 stunew.xlsx 文件，其对应的内容如图 12-2 所示，查找并输出 stunew.xlsx 相对于 stu.xlsx 新增的数据。

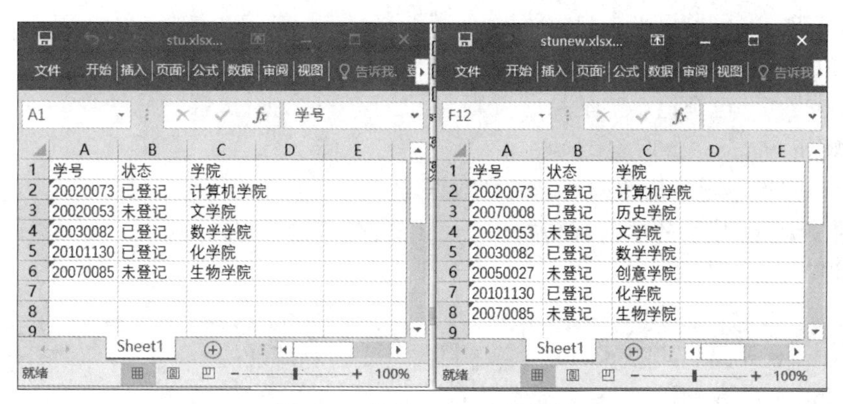

图 12-2　比对 Excel 文件差异

问题解析：

(1) 使用 xlwings 模块从 Excel 文件读取数据。

(2) 结合 for 循环实现两个列表的遍历比较。

代码设计：

```
1. import xlwings as xw
2. wb=xw.Book(r"c:\Python_test\目录 5\stu.xlsx")
3. sht=wb.sheets["sheet1"]
4. first=sht.range('a2').expand('table').value #读取 stu.xlsx 内容存入列表
5. wb=xw.Book(r"c:\Python_test\目录 5\stunew.xlsx")
6. sht=wb.sheets["sheet1"]
7. second=sht.range('a2').expand('table').value  #读取 stunew.xlsx 内容存入列表
8. for i in second:
9.     if i not in first:
10.        print(i)
11.wb.app.kill()
```

运行测试： Shell 交互窗口中的运行结果如下。

```
>>>
==============RESTART:D:\案例 12-2.py==============
['20070008','已登记','历史学院']
['20050027','未登记','创意学院']
```

站点小记：

(1) 本例题中两个 Excel 文件的表头(代码第 1 行)数据不需要参与比较，故读取数据均从 a2 单元格开始，如代码第 4、7 行。

(2) 代码第 8～10 行是查找并输出 stunex.xlsx 相对于 stu.xlsx 新增的数据，其功能可用代码 extra=[i for i in second if i not in first_str]代替，extra 以列表形式记录了新增数据。

案例 12-3　在 Excel 中插入内容

在图 12-2 右侧 Excel 文件 stunew.xlsx 中，第 2 行之前增加如下四条记录：

20020076　　已登记　文学院

20070068　　已登记　历史学院

20020056　　未登记　技术学院

20030087　　已登记　工学院

问题解析：

(1) 将以上四条记录构造成列表类型数据。

(2) 用 xlwings 模块的插入行功能在 Excel 文件中增加空白行。

代码设计：

```
1. import xlwings as xw
2. wb=xw.Book(r"c:\Python_test\目录5\stunew.xlsx")
3. sht=wb.sheets["sheet1"]
4. sht.range("2:5").api.Insert()            #第 2 行之前增加空白四行
5. extra=[["20020076","已登记","文学院"],
          ["20070068","已登记","历史学院"],
          ["20020056","未登记","技术学院"],
          ["20030087","已登记","工学院"]]
6. sht.range("a2").value=extra               #数据写入新插入的空行
7. wb.save()
8. wb.app.kill()
```

运行测试：运行结果如图 12-3 所示。

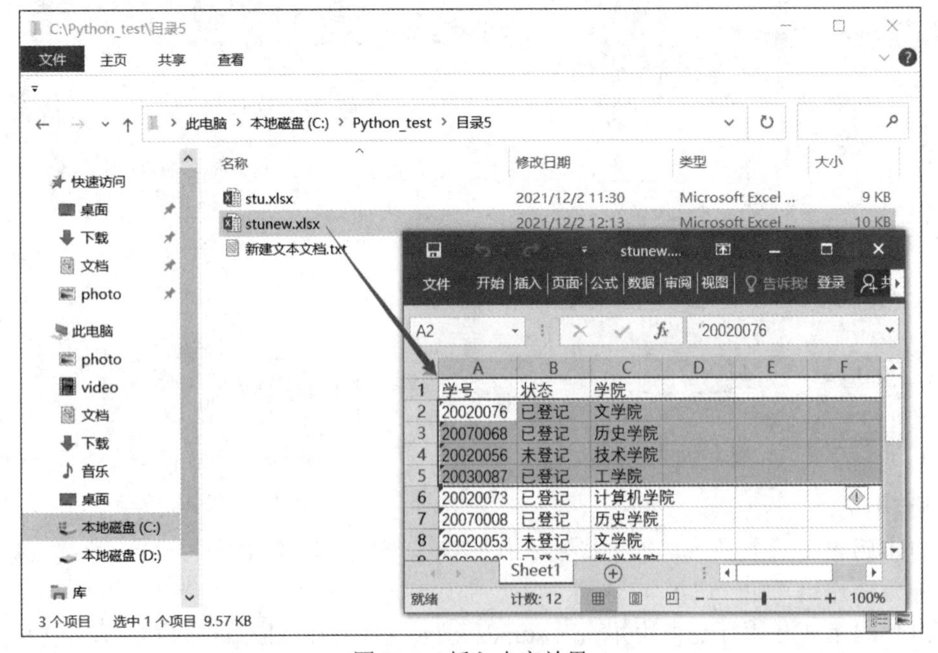

图 12-3　插入内容效果

站点小记：

(1) 实现空行插入(代码第 4 行)，可以调整参数控制插入空行的位置和数量。

(2) 在 Excel 文件中写入多行内容，需要构造为二维列表(代码第 5 行)。

(3) 代码第6行为新插入的空白行对应区域(a2:c5)填充数据，代码中把sht.range("a2:c5").value=extra 简写为 sht.range("a2").value=extra，同样可以实现。

(4) 对 Excel 文件进行修改，必须执行 save 操作(代码第 7 行)，否则不能保存修改结果。

案例 12-4　合并 Excel 文件

在图 12-1 所示位置“c:\Python_test\目录 5”中有两个 xlsx 文件(即 Excel 文件)，其对应内容参考图 12-1 和图 12-3，要求合并两个文件的内容，并将合并结果生成新文件“汇总.xlsx”(位置“c:\Python_test\目录 5”)，且该文件中对应的工作表名为“数据汇总”。

问题解析：

(1) 从图 12-1 中可以看出，对应位置有非 Excel 文件，需要用 os 模块的 walk 函数遍历“c:\Python_test\目录 5”中所有文件，找出其中的 Excel 文件进行合并处理。

(2) 图 12-1、图 12-3 中显示的 Excel 文件结构一致(列数，每列数据类型)，可以用列表结构进行数据合并，最后写入新 Excel 文件。

代码设计：

```
 1. import xlwings as xw
 2. import os
 3. datas,data=[],[]
 4. for curDir,dirs,files in os.walk(r'c:\Python_test\目录5'):
 5.     for f in files:
 6.         if(os.path.splitext(f)[1]=='.xlsx'):#根据扩展名判断是否xlsx文件
 7.             wb=xw.Book(os.path.join(curDir,f))
 8.             for j in wb.sheets:
 9.                 if j.name=='Sheet1':
10.                     data=j.range('a2').expand('table').value
11.                 for i in data:
12.                     i[0]="'"+str(i[0])#保证写入的Excel文件中学号列数据时字符型
13.                     datas.append(i)
14.             wb.app.kill()
15.wbnew=xw.Book()
16.wsnew=wbnew.sheets.add('数据汇总')
17.wsnew.range('a1').value=['学号','状态','学院']
18.wsnew.range('a2').value=datas
19.wbnew.save(r'c:\Python_test\目录5\汇总.xlsx')
20.wbnew.app.kill()
```

运行测试：运行结果如图 12-4 所示。

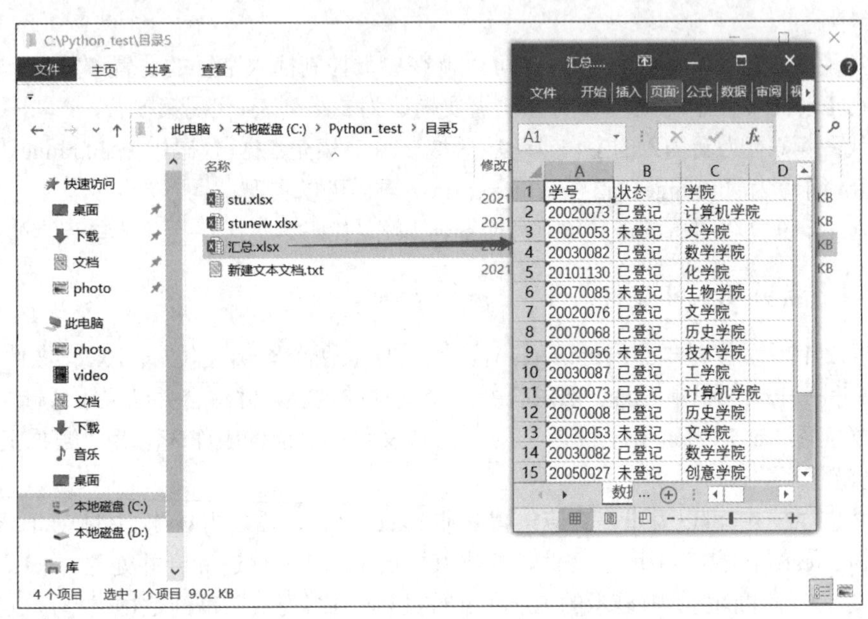

图 12-4 合并 Excel 后的结构

站点小记：

(1) 遍历文件夹内容，查找指定类型的文件，如代码第 4、5、6 行，对应内容在第 10 章有案例介绍。

(2) 若 Excel 文件中有多个工作表，可以根据工作表名称进行判断筛选，如代码第 8、9 行只处理工作表名为“Sheet1”的对应数据。

(3) 要把数字作为字符写入 Excel 文件时，可以在数字前加上单引号，以此满足 Excel 文件写入时数字转字符的规则，如代码第 12 行。

案例 12-5 Excel 数据分类写入不同表

据图 12-4 所示“汇总.xlsx”文件，将其中数据按“学院”分类，并分别存入“汇总.xlsx”文件的工作表中，且该文件中新生成的各个工作表名为对应的学院名称，最终效果如图 12-5 所示。

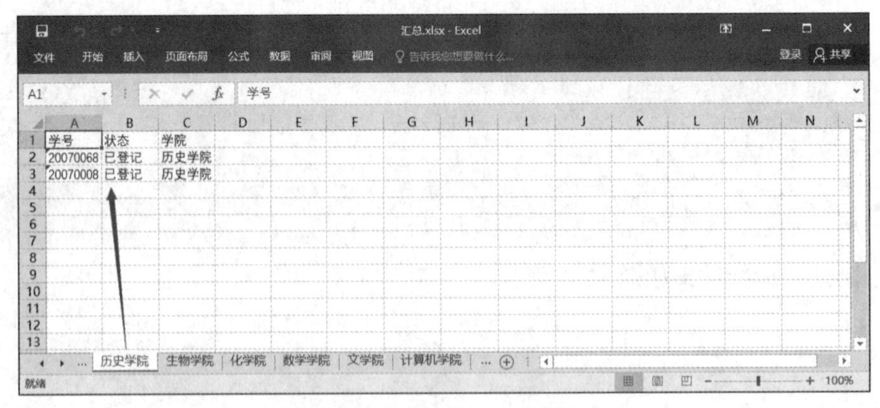

图 12-5 分类写入不同表的结果

问题解析：

(1)利用 xlwings 模块的相应功能读取图 12-4 中的原始数据。

(2)利用字典结构对数据(列表结构)进行按“学院”分类，最后根据字典中每个 item 创建工作表并写入内容。

代码设计：

```
1. import xlwings as xw
2. wb=xw.Book(r"c:\Python_test\目录5\汇总.xlsx")
3. ws=wb.sheets["数据汇总"]        #引用工作表便于后续获取图 12-4 对应数据
4. datas=ws.range('a2').expand('table').value
5. dic={}                          #定义字典，用于协助分类
6. for i in datas:
7.     i[0]="'"+i[0]               #构造写入 Excel 文件中数值型字符的输入格式
8.     if i[2]not in dic:
9.         dic[i[2]]=[]
10.    dic[i[2]].append(i)
11.for k in dic.keys():            #遍历字典，每一项写入一个新工作表
12.    wsnew=wb.sheets.add(k)
13.    wsnew.range('a1').value=['学号','状态','学院']
14.    wsnew.range('a2').value=dic[k]
15.wb.save()
16.wb.app.kill()
```

运行测试：运行结果如图 12-5 所示。

站点小记：

(1)利用字典结构按“学院”进行分类，如代码第 6～10 行，将“学院”数据作为字典的 key，“学院”对应的每行数据用二维列表结构作为字典的 value，得到的字典结构如下：

{计算机学院:[["'20020073",'已登记','计算机学院'],["'20020073",'已登记','计算机学院']], 文学院:[["'20020053",'未登记','文学院'],["'20020076",'已登记','文学院'],["'20020053",'未登记',' 文学院']],工学院:[["'20030087",'已登记','工学院']],…}

(2)以字典中每个 item 的 key 作为新工作表名，为 Excel 文件增加工作表，如代码第 12 行。

(3)把字典每个 item 对应的 value 数据写入相应工作表，如代码第 13 行先写入表头、第 14 行写入字典 item 对应的 value 值(列表类型数据)。

案例 12-6 生成柱形图

在图 12-6 显示了商家 A 与商家 B 对应 6 种商品的销售数量，用柱形图进行可视化显示。

	手机	电视	投影仪	显示器	电话手表	台灯
商家A	5	20	36	10	75	90
商家B	10	25	8	60	20	80

图 12-6 柱形图数据

问题解析：

(1) 利用 pyecharts 对应的柱形图模块 Bar 进行可视化显示。

(2) 图 12-6 中数据需要构造为列表结构，用于指定 x、y 轴数据。

代码设计：

```
1. from pyecharts.charts import Bar
2. import os
3. attr=["手机","电视","投影仪","显示器","电话手表","台灯"]
4. v1=[5,20,36,10,75,90]
5. v2=[10,25,8,60,20,80]
6. bar=Bar()                          #生成柱形图对象，保存于变量 bar 中
7. bar.add_xaxis(attr)
8. bar.add_yaxis("商家 A",v1)        #指定商家 A 的 y 轴数据
9. bar.add_yaxis("商家 B",v2)        #指定商家 B 的 y 轴数据
10.bar.render()                      #生成对应文件(html)
11.os.system("render.html")          #运行文件，显示柱形图
```

运行测试：运行结果如图 12-7 所示。

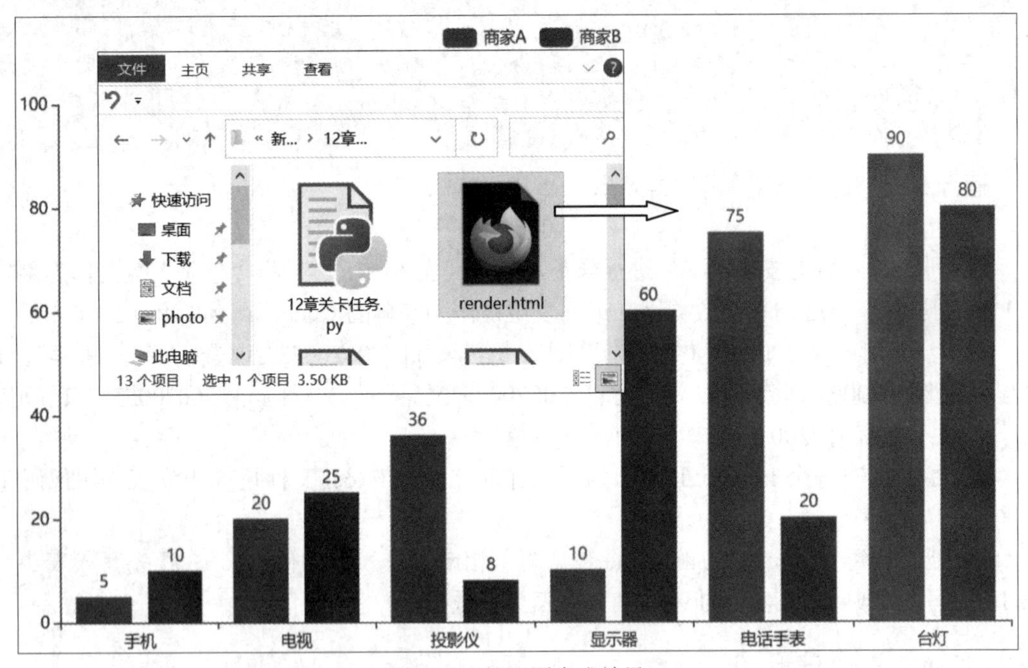

图 12-7　柱形图生成效果

站点小记：

(1) 柱形图的坐标值要求是列表类型数据，如代码第 3、4、5 行将图 12-6 中对应数据构造为列表结构。

(2) 创建柱形图对象(代码第 6 行)，指定坐标值(代码第 7、8、9 行)，最后调用 render 函数即可生成柱形图对应文件。

(3) 柱形图以 render.html 文件存放在当前代码目录中，可以手动双击运行，也可以使

用代码第 11 行自动运行 render.html 文件得到图 12-7 所示效果。

案例 12-7　生成漏斗图

运用 Python 代码对图 12-6 中商家 A 对应的销售数据用漏斗图进行可视化显示。

问题解析：

(1) 利用 pyecharts 对应的漏斗图模块 Funnel 进行可视化显示。

(2) 图 12-6 中商家 A 对应数据需要构造成“列表+元组”结构，用于指定生成漏斗图对应的“数据”参数。

代码设计：

```
1. from pyecharts.charts import Funnel
2. import os
3. attr=["手机","电视","投影仪","显示器","电话手表","台灯"]
4. v1=[5,20,36,10,75,90]
5. data=[]
6. for i in range(len(attr)):                          #构造元组数据
7.     data.append((attr[i],v1[i]))
8. funnel=Funnel()                                     #创建漏斗图对象
9. funnel.add(series_name="销售数据",data_pair=data)    #指定图名和数据
10.funnel.render()                                     #生成对应文件(html)
11.os.system("render.html")                            #运行文件，显示漏斗图
```

运行测试： 运行结果如图 12-8 所示。

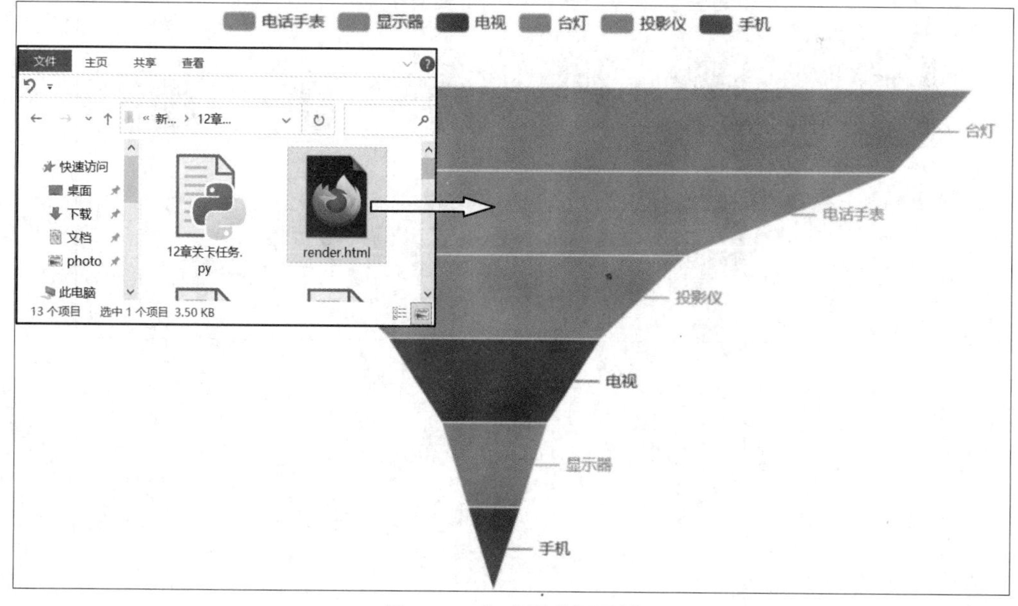

图 12-8　生成漏斗图效果

站点小记：

(1) 漏斗图的对应数据需要是列表类型，列表中每个元素必须是元组形式，代码第 3～

7 行将图 12-6 中商家 A 对应数据构造为[(attr,value)]结构。

(2)代码第 9 行指定漏斗图名称和数据参数。

(3)漏斗图以 render.html 文件存放在当前代码目录中，可以手动双击运行，也可以使用代码第 11 行自动运行 render.html 文件得到图 12-8 所示效果。

12.3 冲关任务——数据自动处理与可视化

任务 12-1 图 12-9 所示位置有 19 个 Excel 文件，每个文件内容结构如图 12-10 所示，分别记录了每个考场的学生成绩信息。李雷需要合并所有 Excel 文件，合并后的内容记录到新文件“汇总成绩.xlsx”中，对应工作表名为“数据汇总”。

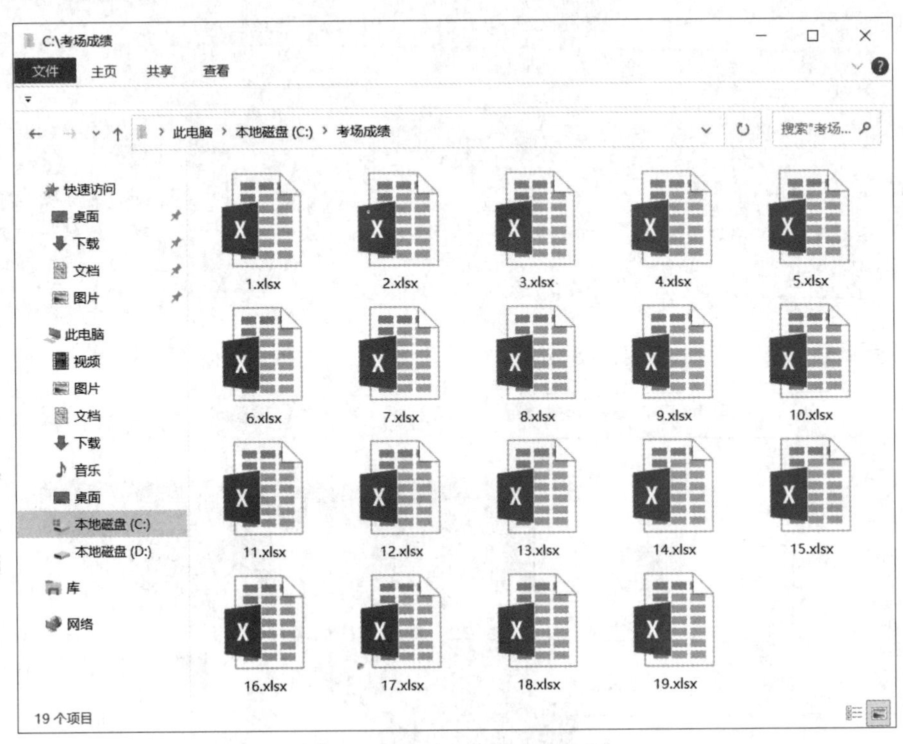

图 12-9 19 个 Excel 文件位置

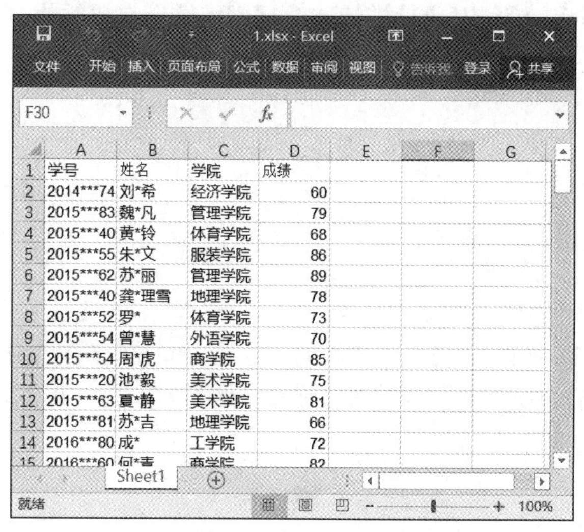

	A	B	C	D
1	学号	姓名	学院	成绩
2	2014***74	刘*希	经济学院	60
3	2015***83	魏*凡	管理学院	79
4	2015***40	黄*铃	体育学院	68
5	2015***55	朱*文	服装学院	86
6	2015***62	苏*丽	管理学院	89
7	2015***40	龚*理雪	地理学院	78
8	2015***52	罗*	体育学院	73
9	2015***54	曾*慧	外语学院	70
10	2015***54	周*虎	商学院	85
11	2015***20	池*毅	美术学院	75
12	2015***63	夏*静	美术学院	81
13	2015***81	苏*吉	地理学院	66
14	2016***80	成*	工学院	72
15	2016***60	何*青	商学院	82

图 12-10　Excel 文件内容结构

提示：建议用 os 模块的 walk 函数遍历目录中所有 Excel 文件，再借助 xlwings 模块相关功能读取文件内容进行合并处理。

任务 12-2　韩梅要把任务 12-1 中生成的文件“汇总成绩.xlsx”内容按“学院”进行分类，将每个学院的数据都在“汇总成绩.xlsx”文件中新建一个工作表并写入其中，工作表名用对应学院名指定，并要求在每个学院对应工作表的第 1 行数据最后单元格计算并显示平均分，完成效果如图 12-11 所示。

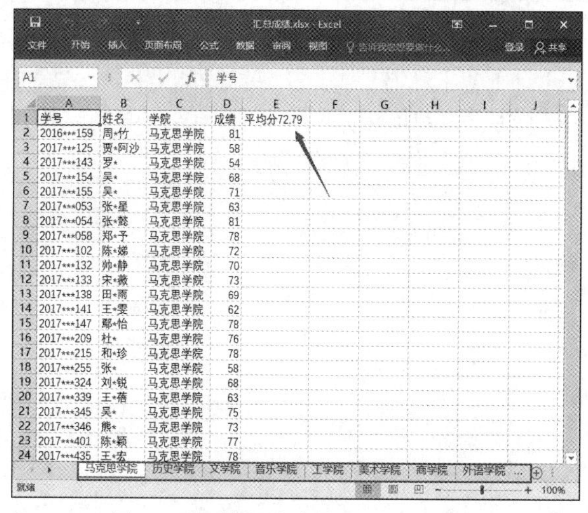

	A	B	C	D	E
1	学号	姓名	学院	成绩	平均分72.79
2	2016***159	周*竹	马克思学院	81	
3	2017***125	贾*阿沙	马克思学院	58	
4	2017***143	罗*	马克思学院	54	
5	2017***154	吴*	马克思学院	68	
6	2017***155	吴*	马克思学院	71	
7	2017***053	张*星	马克思学院	63	
8	2017***054	张*懿	马克思学院	81	
9	2017***058	郑*予	马克思学院	78	
10	2017***102	陈*娣	马克思学院	72	
11	2017***132	帅*静	马克思学院	70	
12	2017***133	宋*薇	马克思学院	73	
13	2017***138	田*雨	马克思学院	69	
14	2017***141	王*雯	马克思学院	62	
15	2017***147	鄢*怡	马克思学院	78	
16	2017***209	杜*	马克思学院	76	
17	2017***215	和*珍	马克思学院	78	
18	2017***255	张*	马克思学院	58	
19	2017***324	刘*锐	马克思学院	68	
20	2017***339	王*蓓	马克思学院	63	
21	2017***345	吴*	马克思学院	75	
22	2017***346	熊*	马克思学院	73	
23	2017***401	陈*颖	马克思学院	77	
24	2017***435	王*宏	马克思学院	78	

图 12-11　数据分类构造不同工作表

提示：使用 xlwings 模块对应功能读取数据后，结合字典结构进行分类、计算各学院平均分。

任务 12-3 李雷要把任务 12-1 中生成的“汇总成绩.xlsx”文件中“数据汇总”工作表的内容按“学院”进行分类，并按计算各学院的平均成绩，用柱形图显示，效果如图 12-12 所示。

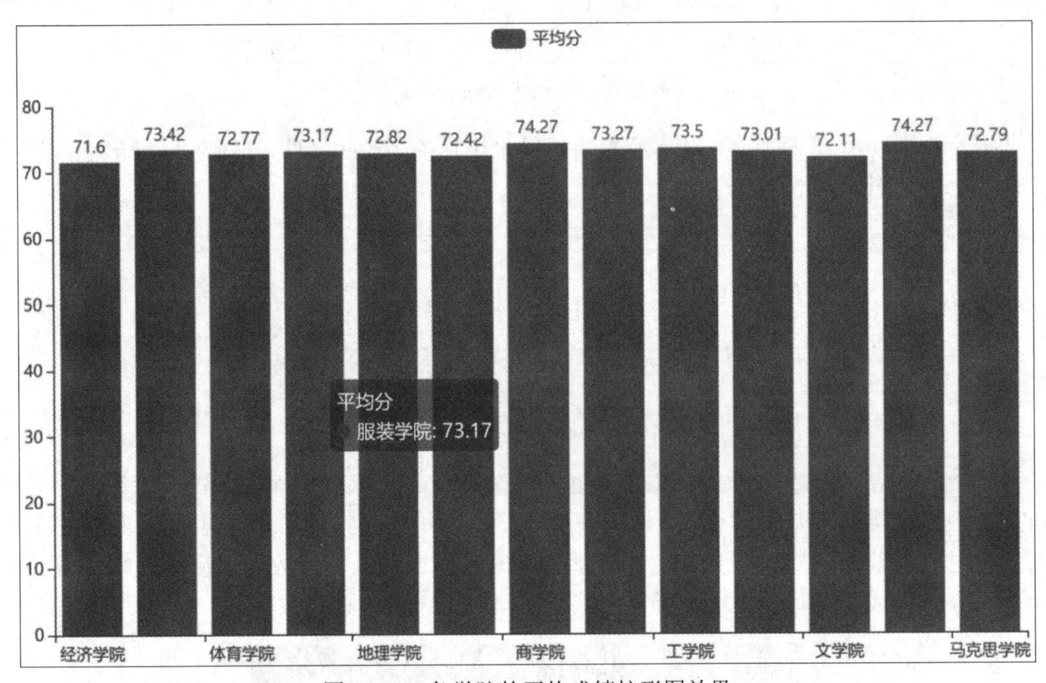

图 12-12 各学院的平均成绩柱形图效果

提示：使用 xlwings 模块对应功能读取数据后，结合字典结构进行分类、计算各学院平均分，再用 pyecharts 的柱形图进行可视化输出。

12.4　关 卡 任 务

李雷和韩梅需要对图 12-9 所示位置的各考场成绩文件(Excel 格式)进行按“学院”分类，并求各学院的平均成绩，按如图 12-13 所示，对各学院平均成绩进行可视化输出。

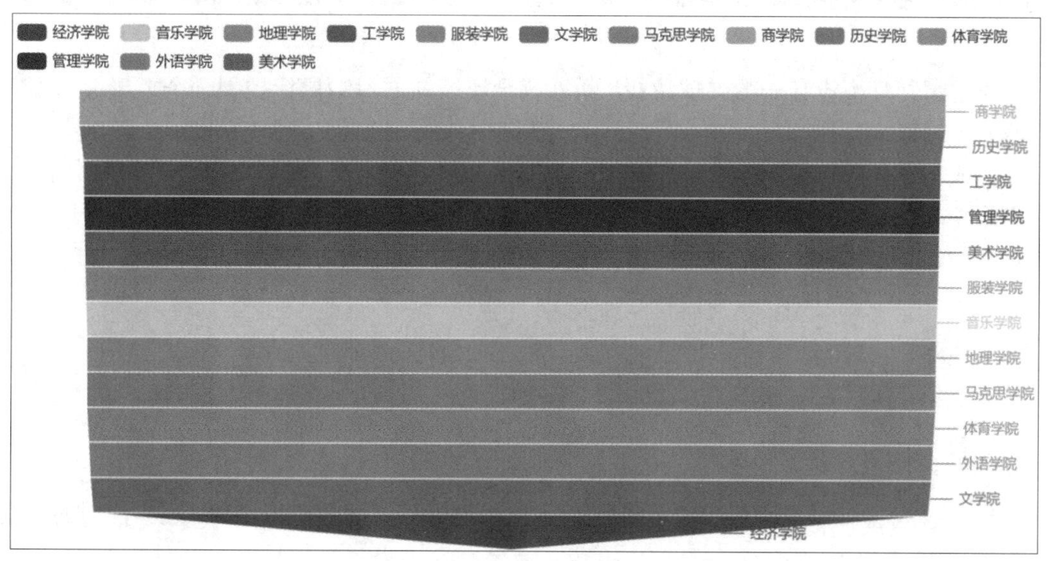

图 12-13　按学院平均成绩的漏斗图效果

第 13 章

游戏编程基础

李雷想帮韩梅设计一款弹球游戏，游戏需要不断左右滑动鼠标控制一个矩形板与不断下落的小球碰撞，让小球反弹，同时还要让玩家能自己指定游戏难度(即小球运动速度)。

完成上述任务，需要学习第三方库中关于游戏设计的 pygame 模块和生成可视化输入/输出组件的 easygui 模块相关操作；在热身加油站补充能量观察并分析各个案例程序，思考其中的代码逻辑，然后在冲关任务中熟悉基础应用，最后完成关卡任务。

13.1 冲关知识准备——游戏编程要素与可视化界面

1. 理解游戏坐标系

创建游戏窗口和设计游戏角色时都会涉及对坐标系规则的运用，pygame 使用的游戏坐标如图 13-1 所示。

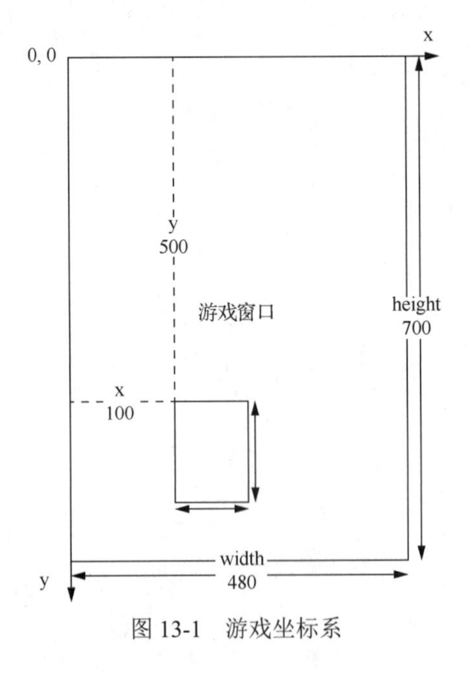

图 13-1 游戏坐标系

说明：

(1) 原点(0,0)在左上角。

(2) 从原点出发，向右为 x 轴正向。

(3) 从原点出发，向下为 y 轴正向。

2. pygame 中游戏的初始化和退出

在 cmd 命令窗口执行 pip install pygame 命令安装 pygame 模块后，使用它提供的所有功能之前需要进行初始化，使用结束后需要对其进行卸载操作。

格式：

```
import pygame
pygame.init()        #初始化 pygame 模块
#游戏代码
pygame.quit()        #卸载 pygame 模块
```

说明：

(1) 初始化 pygame 模块操作必须在使用 pygame 模块相应功能代码之前执行。

(2) 卸载 pygame 模块操作需要在游戏代码最后调用，否则会导致游戏程序结束后界面不被关闭。

3. 创建游戏窗口

游戏窗口可以理解为游戏屏幕，游戏中的所有元素都需要绘制到游戏屏幕上。

格式：

```
import pygame  #引入 pygame 模块
…
#创建游戏窗口，常用参数如下：
screen=pygame.display.set_mode(窗口大小,附加项)
```

说明：

(1) “窗口大小”参数用元组形式指定游戏窗口的宽和高，默认大小和屏幕大小一致，如创建如图 13-1 的游戏窗口代码为 screen=pygame.display.set_mode((480,700))。

(2) “附加项”参数用于指定屏幕的一些属性，如是否全屏等，默认不需要传递。

(3) 必须使用变量记录 set_mode 的返回结果，后续的所有游戏图像绘制都要基于这个返回结果。

(4) 创建的游戏窗口默认背景是黑色，若要更改背景颜色用 fill 方法。例如，screen.fill((255,255,255)) 表示把背景设置为白色。

4. 游戏循环

为了实现游戏程序启动后不会立刻退出，需要在游戏中使用带退出机制的无穷循环。

格式：

```
import pygame                                #引入 pygame 模块
…
screen=pygame.display.set_mode((480,700)) #创建游戏窗口
r=True
while r:
   …
```

说明：

(1) 所谓游戏循环就是一个无穷循环，通常配合游戏退出条件在循环中加入退出机制，如使用 break 语句或让循环条件为 False 等。

(2) 游戏循环的开始，就意味着游戏的正式开始，游戏循环中通常要实现的功能如图 13-2 所示。

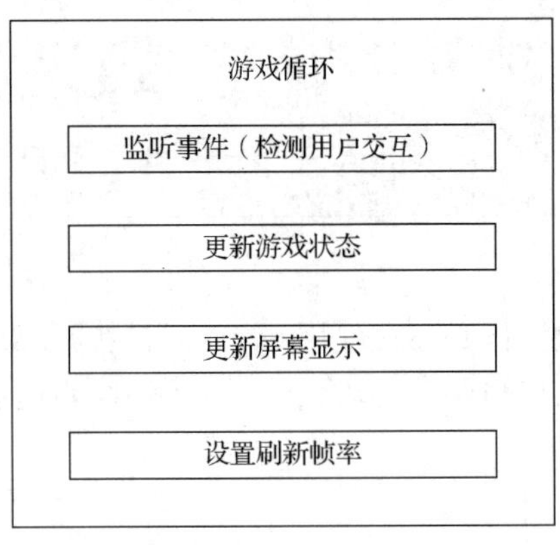

图 13-2 游戏循环元素

5. 游戏循环中监听事件

这里的事件是指游戏启动后，用户针对游戏所做的操作，如单击“关闭”按钮、单击鼠标、按键盘等。在游戏循环中，只有捕获到用户具体的操作，才能有针对性地作出响应。pygame 通过 pygame.event.get() 可以获得用户当前所做动作的事件列表，常结合 for 循环进行事件监听。

格式：

```
import pygame                                    #引入 pygame 模块
…
screen=pygame.display.set_mode((480,700)) #创建游戏窗口
r=True
while r:                                         #游戏循环
for event in pygame.event.get():                 #监听事件
    #对监听到的具体事件做相应处理
    …
```

说明：

(1) 监听事件是游戏循环里的固定代码，几乎所有 pygame 程序都会使用。

(2) 用 for 循环遍历 pygame.event.get() 返回的事件列表，能针对性地处理某种事件。例如，用户单击了游戏窗口的“关闭”按钮，可在上述代码的监听事件循环中加入如下代码实现结束游戏(pygame.QUIT 表示用户单击“关闭”按钮事件)。

```
if event.type==pygame.QUIT:
    r=False
```

6. 游戏循环中绘制图案(更新屏幕和游戏状态)

游戏中的所有元素都需要绘制到游戏屏幕上，以下介绍基本图案——圆形和矩形的绘制，其他图案绘制方法请见官方文档 pygame.org。

格式：

```
import pygame                                  #引入 pygame 模块
…
screen=pygame.display.set_mode((480,700))      #创建游戏窗口
…
r=True
while r:                                       #开始游戏循环
    pygame.draw.circle(游戏窗口,颜色,圆心坐标,半径,线条粗细)    #绘制圆形
    pygame.draw.rect(游戏窗口,颜色,位置,线条粗细)              #绘制矩形
    pygame.display.update()                                   #更新屏幕显示
```

说明：

(1)“游戏窗口”参数即前面创建游戏窗口时记录的游戏窗口变量，如 screen。

(2)“颜色”参数通常用 RGB 三种颜色对应数值构成的元组表示，如(255,0,0)表示红色。

(3)绘制圆形的“圆心坐标”参数，用图 13-1 中坐标系内 x,y 轴对应值构成的元组表示。例如，(0,0)表示以游戏窗口左上角为圆心绘制圆，对应绘制结果只有 1/4 扇形区域。

(4)“线条粗细”参数表示绘制图形中周长对应的线条粗细度，值越小表示线条越细。特别地，该参数值为 0 或不指定时，表示用颜色参数值填充图形。

(5)绘制矩形中的“位置”参数，用元组“(矩形左上角的 x 坐标值，矩形右上角的 y 坐标值，矩形宽，矩形高)”表示。

(6)所有元素绘制完成后必须在游戏循环代码最后使用语句 pygame.display.update()刷新窗口，否则无法清除上一次游戏循环显示的内容。

7. 游戏循环中设置刷新帧率

游戏循环的另一个重要功能是控制整个循环的运行速度。游戏中有个术语叫 FPS(frames per second)，它代表每秒帧数，也叫帧率，表示游戏循环每秒应执行的次数。用 pygame.time.Clock 可以非常方便地控制帧率。

格式：

```
import pygame                                  #引入 pygame 模块
…
clock=pygame.time.Clock()                      #创建时钟对象
screen=pygame.display.set_mode((480,700))      #创建游戏窗口
…
r=True
while r:                                       #开始游戏循环
   clock.tick(帧率)                            #指定刷新帧率
   …
```

说明：

(1) 必须在游戏循环前创建一个时钟对象。

(2) 必须在游戏循环中用时钟对象设置帧率。

(3) “帧率”参数即控制游戏循环每秒执行的次数，通常设置为 60。

8. easygui 中的消息提示框

在 cmd 命令窗口中执行 pip install easygui 命令，安装好 easygui 模块后，就可以借助它生成可视化交互界面，其中输出框是最常用的可视化组件之一，如图 13-3 所示。

格式：

```
import easygui
easygui.msgbox(msg=消息,title=标题,ok_button=按钮文本)
```

说明：

(1) “消息”参数对应提示框中输出的信息。

(2) “标题”参数对应提示框标题文本。

(3) “按钮文本”参数对应提示框按钮内容。

图 13-3 提示框对应代码为：

```
easygui.msgbox(msg='提示信息',title='Python 冲关实战',ok_button='确认')
```

图 13-3　消息提示框

9. easygui 中的输入框

输入框是 easygui 最基本的组件之一，如图 13-4 所示。

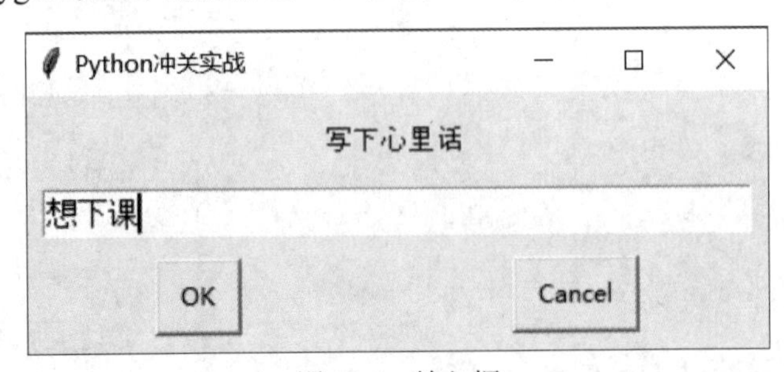

图 13-4　输入框

格式：

```
import easygui
easygui.enterbox(msg=消息,title=标题,default=默认内容)
```

说明：

(1)“消息”参数对应输入框中的提示信息。

(2)“标题”参数对应输入框标题文本。

(3)“默认内容”参数对应输入框中的默认输入内容。

(4)单击“OK”按钮，输入框用字符型数据返回用户输入的内容，若单击“Cancel”按钮则返回 None。

(5)图 13-4 输入框对应代码为 easygui.enterbox(msg="写下心里话",title="Python 冲关实战",default="想下课")。

13.2　热身加油站——游戏设计与可视化输入/输出

案例 13-1　创建基本游戏窗口

生成如图 13-5 所示宽度 300，高度 400 的游戏窗口，在用户单击窗口中的“关闭”按钮或按键盘任意键后都能关闭窗口。

图 13-5　基本游戏窗口

问题解析：

(1)用 pygame 创建图 13-5 所示游戏窗口，必须先初始化。

(2)实现游戏窗口关闭，需要卸载 pygame 模块，结束游戏。

(3) 使用游戏循环，保证游戏窗口不会生成后立即自动退出。

(4) 使用监听事件机制，监听用户单击“关闭”按钮事件或用键盘按键事件来退出游戏循环。

代码设计：

```
1. import pygame
2. pygame.init()                                    #初始化
3. screen=pygame.display.set_mode((300,400))  #创建游戏窗口
4. r=True
5. while r:
6.     for event in pygame.event.get():          #事件监听
7.         if event.type in (pygame.QUIT,pygame.KEYDOWN):
8.             r=False              #监听到满足条件的事件，退出循环
9. pygame.quit()                    #必须卸载pygame，否则游戏画面无法关闭
```

运行测试：运行结果如图 13-5 所示。

站点小记：

(1) 本例题实现了一个最基本的游戏程序框架，其中包含了初始化、创建游戏窗口、事件监听处理、卸载操作。

(2) 事件监听处理过程中，pygame.QUIT 对应窗口“关闭”按钮被单击事件、pygame.KEYDOWN 对应键盘任意键被按下事件。更多相关用法，读者参考官方文档。

案例 13-2　创建指定背景的游戏窗口

生成如图 13-6 所示宽度 300，高度 300 的游戏窗口，在用户单击窗口“关闭”按钮后能关闭窗口，窗口背景为白色。

图 13-6　白色背景的游戏窗口

问题解析：

(1) 使用游戏窗口变量的 fill 方法，指定 RGB 颜色值即可设置窗口背景色。

(2) 监听 pygame.QUIT，即对应窗口按钮被单击事件。

代码设计：

```
1. import pygame
2. pygame.init()#初始化
3. screen=pygame.display.set_mode((300,300))  #创建游戏窗口
4. screen.fill((255,255,255))                 #设置游戏窗口背景色为白色
5. r=True
6. while r:
7.     for event in pygame.event.get():       #事件监听处理
8.         if event.type==pygame.QUIT:
9.             r=False
10.        pygame.display.update()      #更新屏幕显示
11.pygame.quit()                       #必须卸载 pygame，否则游戏画面无法关闭
```

运行测试：运行结果如图 13-6 所示。

站点小记：

(1) 用 fill 方法设置窗口背景色，参数是元组格式的 RGB 值，如(255,0,0) 表示红色。

(2) 设置窗口背景色或在窗口上绘制其他游戏元素时，必须在游戏循环中使用代码 pygame.display.update()，否则无法显示对应效果。

案例 13-3　在游戏窗口中绘图

在图 13-6 基础上，游戏窗口中用粗细为 2 的黑色画笔在左上角绘制半径为 10 的圆，在右下角绘制边长为 50 的正方形，如图 13-7 所示。

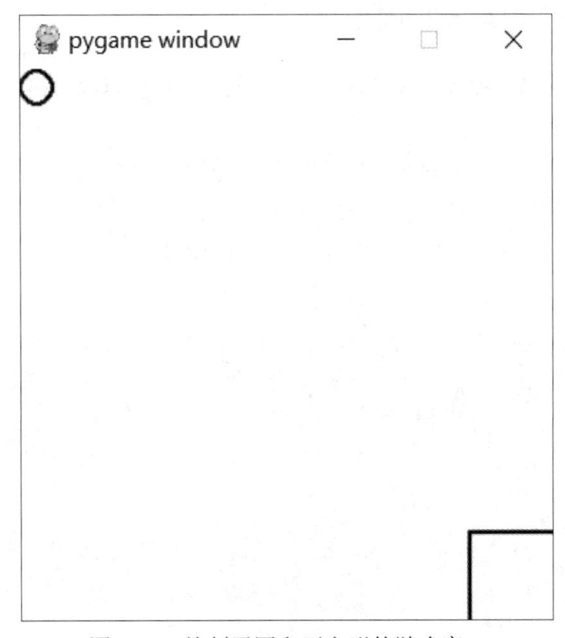

图 13-7　绘制了圆和正方形的游戏窗口

问题解析：

(1) 使用 pygame.draw.circle 实现圆形图案绘制。

(2) 使用 pygame.draw.rect 实现矩形图案绘制。

(3) 根据题目参数结合游戏坐标系计算图案位置。

代码设计：

```
1. import pygame
2. pygame.init()                                #初始化
3. screen=pygame.display.set_mode((300,300))    #创建游戏窗口
4. screen.fill((255,255,255))                   #设置游戏窗口背景色为白色
5. r=True
6. while r:
7.     for event in pygame.event.get():         #事件监听处理
8.         if event.type==pygame.QUIT:
9.             r=False
10.    pygame.draw.circle(screen,(0,0,0),(10,10),10,2)      #绘制圆
11.    pygame.draw.rect(screen,(0,0,0),(250,250,50,50),2) #绘制正方形
12.    pygame.display.update()       #更新屏幕显示
13.pygame.quit()                     #必须卸载 pygame，否则游戏画面无法关闭
```

运行测试：运行结果如图 13-7 所示。

站点小记：

(1) 游戏坐标系的原点位于游戏窗口左上角，为了让半径为 10 的圆完整显示在左上角，其圆心位置坐标需指定为(10,10)，见代码第 10 行。

(2) 正方形图案的坐标是其左上角位置，为了让正方形显示在游戏窗口右下角，其对应的坐标需要用游戏窗口的长、宽分别减去边长，即代码第 11 行中的参数(250,250,50,50)。

案例 13-4　在游戏窗口中移动图案

在图 13-7 基础上，让圆能随鼠标移动，正方形能自动左右来回移动。

问题解析：

(1) 使用 pygame.mouse.get_pos() 能获取鼠标当前的坐标位置。

(2) 根据游戏窗口宽度计算正方形到达左侧和右侧的坐标。

(3) 要实现游戏中的动态效果，须结合刷新帧率的设置。

代码设计：

```
1. import pygame
2. pygame.init()                                #初始化
3. screen=pygame.display.set_mode((300,300))    #创建游戏窗口
4. clock=pygame.time.Clock()                    #创建时钟对象
5. r,flag,x=True,True,250
6. while r:
7.     for event in pygame.event.get():         #事件监听处理
8.         if event.type==pygame.QUIT:
9.             r=False
```

```
10.     clock.tick(60)                                    #每秒执行循环 60 次
11.    screen.fill((255,255,255))                         #设置游戏窗口背景色为白色
12.    pos=pygame.mouse.get_pos()
13.    pygame.draw.circle(screen,(0,0,0),pos,10,2)#屏幕上在小球位置区画球
14.    if x<0:
15.       flag=True                                       #正方形向右移动标记
16.    if (x+50)>300:
17.       flag=False                                      #正方形向左移动标记
18.    x=x+1 if flag else x-1                             #正方形 x 轴位置的变化
19.    pygame.draw.rect(screen,(0,0,0),(x,250,50,50),2)   #绘制正方形
20.    pygame.display.update()       #更新屏幕显示
21. pygame.quit()                    #必须卸载 pygame，否则游戏画面无法关闭
```

运行测试：略。

站点小记：

(1) 本例题实现了游戏的动画效果，必须采用刷新帧率的相关配置方法，如代码第 4、10 行。

(2) 代码第 11 行把设置窗口背景色的操作放到了游戏循环中，是因为要实现动画效果，若背景不每次重新刷新就会导致前一次绘制的结果仍然显示在窗口中，即出现元素移动拖尾的效果。

(3) pygame.mouse.get_pos() 是 pygame 自带的功能，可以获取当前鼠标指针位置，用元组形式返回其对应坐标值。

(4) 圆形图案随鼠标指针移动，只需要将鼠标指针位置作为圆心坐标，在每次刷新时重新绘制圆形图案即可，如代码第 13 行。

(5) 正方形图案的来回移动，需要检测其移动到了左右边缘对应的坐标值，如代码第 14 行中的条件即表示正方形移动到或越过了游戏窗口左边界；如代码第 16 行中的条件表示正方形移动到或越过了游戏窗口右边界。

(6) 正方形左右移动只需要每次刷新时改变对应 x 坐标值，重新绘制图案即可，如代码第 19 行。

案例 13-5　可视化输入/输出

在如图 13-8 窗口中输入计算表达式，其计算结果显示如图 13-9 所示，若输入了错误的计算表达式，则在图 13-10 中给出提示信息“输入错误”。

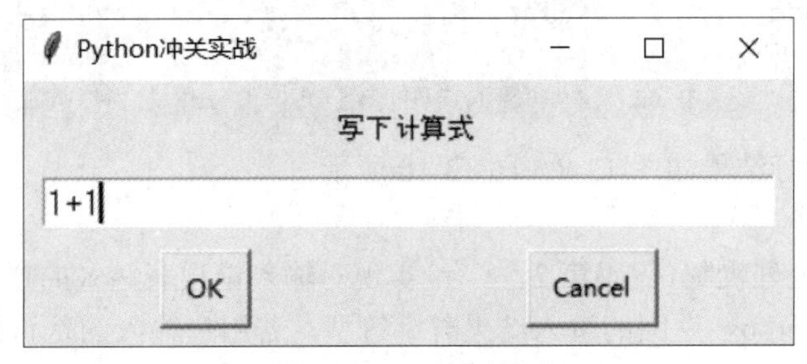

图 13-8　可视化输入

图 13-9　可视化输出

图 13-10　输入错误提示

问题解析：

(1)利用 easygui 模块的输入框及消息提示框即可实现任务要求的可视化交互。

(2)利用 eval 函数可实现表达式解析。

代码设计：

```
1. import easygui
2. try:         #异常处理
3.     t="Python 冲关实战"
4.     m="写下计算式"
5.     x=easygui.enterbox(msg=m,title=t,default='1+1')
6.     if x!=None:
7.         easygui.msgbox(msg="结果:"+str(eval(x)),title="Python 冲关实战")
8. except:
9.     easygui.msgbox(msg="输入错误",title="Python 冲关实战")
```

运行测试：运行结果如图 13-8～图 13-10 所示。

站点小记：

(1)利用异常处理机制(代码第 2、8 行)实现对输入错误表达式的拦截。

(2)easygui.enterbox 返回的输入结果时字符型，若用户输入的是正确表达式，直接使用 eval 函数解析，即可得到表达式并自动进行计算，利用这一点在代码第 7 行中就可以执行用户输入的表达式。

13.3　冲关任务——设计简单游戏

任务 13-1　李雷要在游戏窗口中绘制一个半径为 10 的实心黑色小球，初始状态小球位于游戏窗口原点，沿 x 轴正向 45 度方向移动，遇到窗口边界后沿对称方向反弹，如此循环往复，直到用户单击游戏窗口的“关闭”按钮后退出程序，小球反弹游戏如图 13-11 所示。

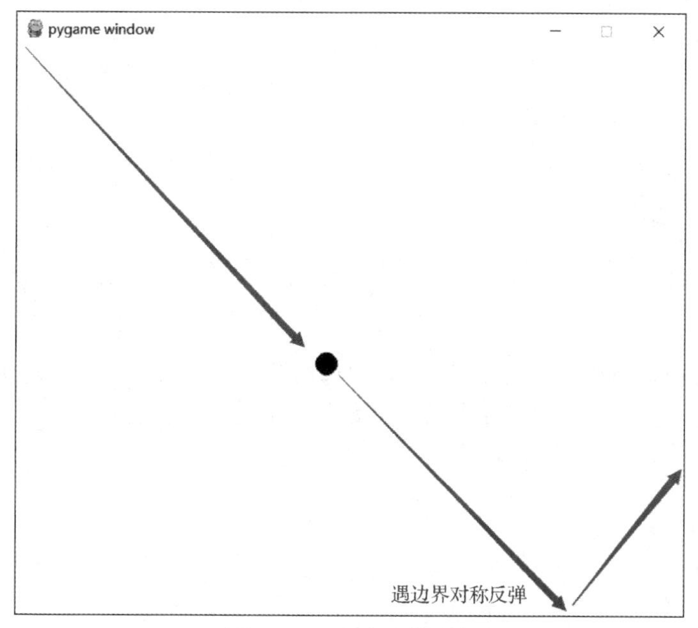

图 13-11　小球反弹游戏

提示：结合 pygame 模块相应功能完成游戏初始化、游戏循环、监听事件、绘制小球、设置刷新率操作，同时还需要结合游戏坐标系设计遇到边界的判断条件，以及对称反弹的运动轨迹。

任务 13-2　韩梅要完成一个小球碰撞的小游戏，如图 13-12 所示，在游戏屏幕左上角和左下角分别有两个半径为 30 的黑色小球，它们沿 y 轴方向相向运动，发生碰撞后反弹，如此反复直到用户单击游戏窗口中的“关闭”按钮结束游戏。

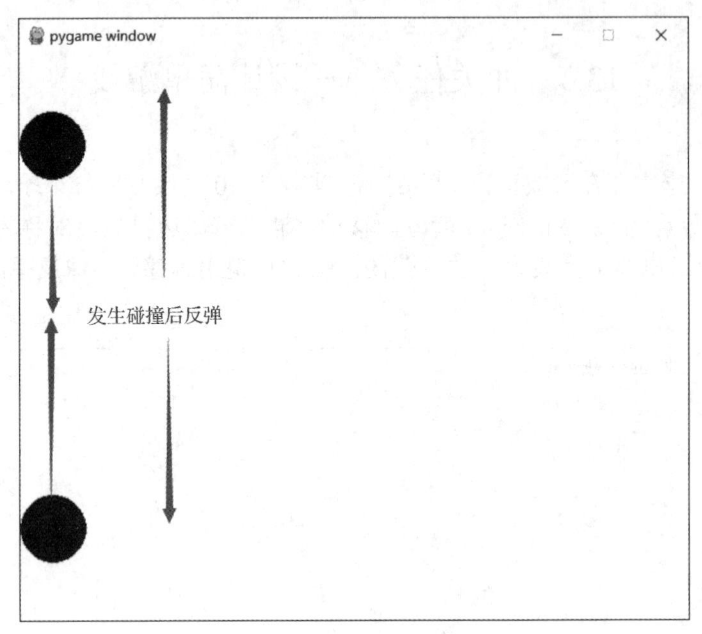

图 13-12　小球碰撞游戏

提示：结合 pygame 模块相应功能完成游戏初始化、游戏循环、监听事件、绘制小球、设置刷新率操作，同时还需要结合游戏坐标系设计碰撞发生的检测条件，以及反弹的运动轨迹。

任务 13-3　李雷在韩梅完成的任务 13-2 的基础上增加小球移动速度控制，用图 13-8 所示的输入框输入小球的移动速度(范围 1-5)，运行结果如图 13-13 所示。

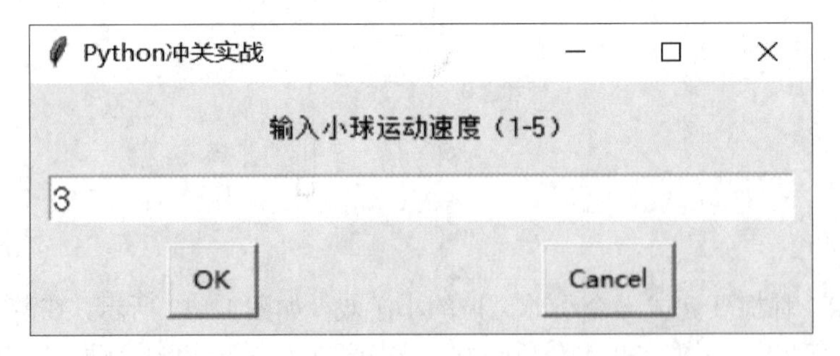

图 13-13　控制碰撞游戏速度

提示：利用 easygui 的输入框实现。

13.4　关 卡 任 务

李雷为韩梅设计了一款简单的弹球游戏，如图 13-14 所示。游戏窗口(宽 600，高 500)有一半径为 10 的紫色(RGB 值为 255,11,122)小球，一个可以在屏幕底部随鼠标指针移动的紫色矩形(长 20，宽 100)。初始状态小球位于游戏窗口原点，沿 x 轴正向 45 度方向移动，遇到窗口上、左、右边界以及矩形后沿对称方向反弹，如此循环往复，当小球碰到游戏窗口下边界或用户单击游戏窗口中的“关闭”按钮后游戏结束。当游戏启动时，用户需要输入游戏难度(即小球的运动速度)，随后开始游戏。用户用鼠标不断左右移动矩形块和小球碰撞，让小球不断反弹，不能让小球落入游戏窗口底部导致游戏结束。

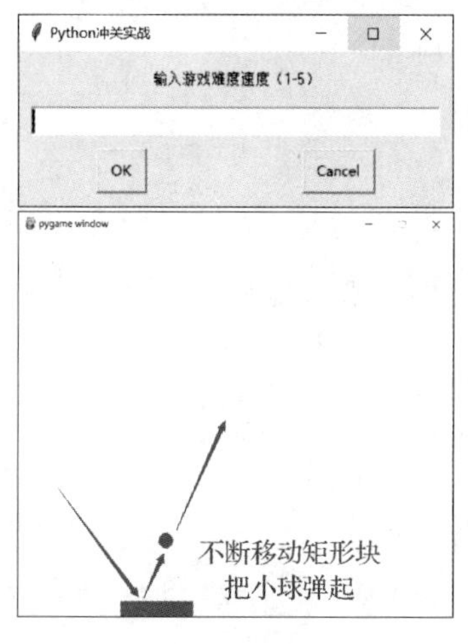

图 13-14　弹球游戏

参考文献

陈东，2019．Python 语言程序设计实践教程．上海：上海交通大学出版社．

CORMEN T H，LEISERSON C E，RIVEST R L，等，2013．算法导论(原书第 3 版)．殷建平，徐云，等译．北京：机械工业出版社．

董付国，2018．Python 语言程序设计基础与应用．北京：机械工业出版社．

黄锐军，2018．Python 程序设计．北京：高等教育出版社．

HETLAND M L，2018．Python 基础教程．3 版．袁国忠，译．北京：人民邮电出版社．

江红，余青松，2019．Python 程序设计与算法基础教程．2 版．北京：清华大学出版社．

嵩天，2019．Python 语言程序设计．2020 年版．北京：高等教育出版社．

嵩天，礼欣，黄天羽，2017．Python 语言程序设计基础．2 版．北京：高等教育出版社．

张春元，刘万伟，毛晓光，等，2020．科学计算基础编程——Python 版．5 版．北京：清华大学出版社．

张若愚，2016．Python 科学计算．2 版．北京：清华大学出版社．

赵璐，2018．Python 语言程序设计教程．上海：上海交通大学出版社．

ZELLE H，2018．Python 程序设计．3 版．王海鹏，译．北京：人民邮电出版社．